5G

大容量・低遅延・多接続のしくみ

岡嶋裕史

カバー装幀／芦澤泰偉・児崎雅淑
カバーイラスト／antistock / shutterstock
目次・扉デザイン／齋藤ひさの
本文図版／さくら工芸社

まえがき

ついに移動通信システムの第五世代、すなわち「5G」がお披露目になり、世界各地で商用サービスが開始されるに至りました。

通信事業者が新しい技術を投入し、利用者がそれに追従する構図は、少なくともここしばらくは続くのだと思います。

私は通信技術を勉強していますから、ご多分にもれず新しもの好きです。目新しいコンセプトの製品の初期ロットなど、痛い目を見るのがわかりきっているものにいつも手を出し、そして案の定、痛い目を見ています。

でも、スマートフォンに関しては、かなりのレイトマジョリティでした。

私は人とコミュニケーションを取るのが苦手ですし、スキあらば家に帰って新しい製品をいじり倒したり、そうでなければゲームでもやっていたりしたいのです。飲み会に誘われるなど、もってのほかです。いつだって下戸のふりをしています。

スマートフォンなどという便利なもの、人とつながりやすいものを手にしてしまったら、長年かけて築き上げてきたこの快適な生活にひびが入ってしまうのではないかと、心の底から恐怖したのです。

それでも、スマートフォンを手にする日はやってきました。もう持っていないと業務に支障を来すようになったからです。

新しいものを手にする人が増えれば、古いものは消えていきます。

私の場合は、スマートフォンを使いはじめたら、Ｅテレのスマホ講座の仕事をいただくことになりました。スマホゲームの完成度がけっこう高いことに感動しました。そして、「や、スマホ持ってないんで！」と言っておけば人から捕捉されずにすんだ生活と、低めだった通信料は、いずれも過去の彼方に去りました。

サービスを提供する事業者にとって、複数のサービスを維持することは大きな負担ですし、そのための資源も限られています。あまり使う人がいなくなった３Ｇの周波数帯域を、いつまでも３Ｇのために残しておくことは無駄です。

固定電話も、３Ｇも、ガラケーも、やがて姿を消していくでしょう。４Ｇがそうであったように、５Ｇも急速に社会の基盤を成すインフラになっていきます。

インフラになるくらい洗練された技術は、たいてい中身がわからなくなっています。たとえば、インターネットの出はじめのころは、ある程度インターネットの知識がないと使えない代物でした。万人が使うような技術ではありませんでした。

でも、いまのインターネットは幼稚園の子でもアクセス可能なくらいに（それがいいことか悪いことか、安全かどうかは別として）よく整備され、作り込まれています。

移動通信システムも世代を重ねて5つめ、もう十分にその水準に達しています。実際に、スマートフォンの背後にどんなしくみがあるかなど、気にとめずに使っている人がほとんどだと思います。それでも使えるように、技術者が技術を磨いてきたからです。

でも、自分を取り巻き、どっぷりと浸かっている事象が、どんなふうに成り立っているのか知らないことは怖いことでもあります。私は保険の契約内容など、何もわかっていないのに、言われるがままにサインをしますが、「きっと損してるんだろうなあ」とか「いざというときは役に立たないんだろうなあ」といつも思っています。そんなときに頼りになるのは知識です。わかりやすい本でも親切なＦＰ（フィナンシャルプランナー）でも、何でも活用して保険のことを知っておくのが、身を守ったり得をしたりするためのたしかな手段です。

法律でも経済でもなんでもそうですが、社会の根幹を成すしくみを知っておくのはいいことなのだと思います。そのお手伝いをすることを念頭に本書を書きました。

損得勘定を抜きにしても、人類が何十年も熟考し、工夫を重ねてきたしくみやしかけの粋を紐解いていくのは、純粋に楽しいものです。

本書を読んでいただいた皆さまにも、「こんなこと、よく思いついたなあ」と膝を打つ瞬間が1つでもあれば、嬉しく思います。研究者や技術者の思考の軌跡を、ぜひお楽しみください。

目次◉5G

第0章

「電波」とはなんだろう　15

第1章 携帯電話がつながるしくみ 33

第2章 携帯電話の「世代」とは何なのか 57

第3章 3G——国際標準規格が採用されたけど 85

第4章

4G――スマホの普及にシステムの進化が追いつかない

111

第5章 5G——移動通信システムの「解放」 157

コラム5 6Gに必要な7つめの要件

第6章 その先にあるリスク 201

第 0 章

「電波」とはなんだろう

この本は5Gのしくみについて理解を深めるために書いたものです。

すぐにでも5Gの解説に入りたいところですが、第0章として少し準備運動をしておこうと思います。**電波**の説明をしておきたいのです。

携帯電話と電波は切っても切り離せない関係にあります。携帯電話は、音声も動画も制御のための信号も、すべて電波を使ってやり取りするからです。

したがって、ある程度電波について知っておいたほうが、携帯電話のしくみを理解しやすくなります。少しだけお付き合いください。先を急ぎたい人、電波にくわしい人は飛ばしていただいて大丈夫です。

周波数は「とんでもなく大きい」

電波は、電気と磁気の相互作用によってできる波です。お仲間には光があって、電波も光も**電磁波**といういい方でひとまとめにできます。

電磁波は図0－1のような感じの波を描きます。高いところを山、低いところを谷といって、山から山までの長さ（谷から谷まででもいいのですが。ようは1サイクルです）を「**波長**」といいます。

また、山が現れて、次の山が現れるまで（1サイクル）の時間を「**周期**」といいます。

これを踏まえて、電波の重要な要素である周波数、振幅、位相を覚えていきましょう。

1秒間に何サイクルの波があるかを表すのが「**周波数**」で、単位として有名なヘルツ（Hz）を使います。物理学者で、月のクレーターにも名前がついているヘルツさんの名前からとられました。

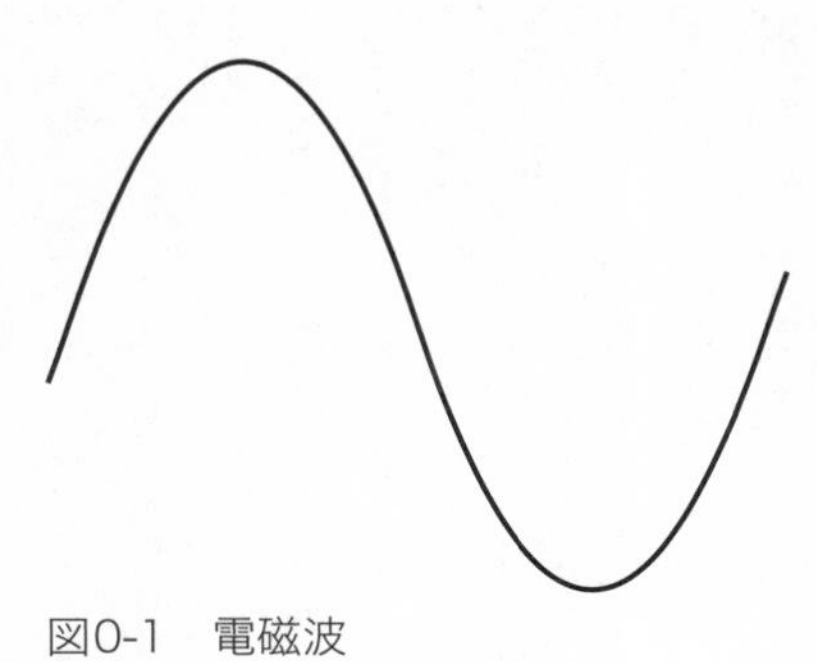

図0-1　電磁波

1秒間に1サイクルの波が現れるのでしたら1ヘルツですし、10サイクルなら10ヘルツです。周波数はとんでもなく大きなものもあるので、1000000ヘルツと書くよりは1メガヘルツ（MHz）と書くほうが一般的です。

メガやギガはコンピュータの分野でもよく出てくる国際単位系接頭辞（SI接頭辞、230ページの表を参照）で、有名なところではキロ（k）が1000、メガ（M）が1000000、ギガ（G）が1000000000を表しています。

1ギガヘルツ（GHz）では1秒間に10億回も波が振動していることになりますが、私たちはこのくらいの周波数の電波をふつうに使っています。

たとえば、家庭でも免許なしに使っていい周波数として、2・4GHz帯があります。イヤホンやマウスを接続するのに使うBluetoothやWi-Fi、電子レンジなどはこの周波数を使っています。1秒間に20億回も水の分子を揺らされたら、そりゃあ食品だって温まろうというものです。

短波は特定方向へ、長波はより遠くへ

周波数は1秒間に何回波がやってくるかですから、周波数が高い（たくさん波がやってくる）ほど、波長は短くなります。反対に、周波数の低い電波は波長が長くなります。

私たちは伝統的に波長の長さで電波を分類してきました。超長波、長波、中波、短波、超短波、極超短波、センチ波、ミリ波などです。超長波は波長が数十キロメートル単位、センチ波とかミリ波は、そのものずばりで波長がセンチ単位だったり、ミリ単位だったりするわけです（図

情報量	到達性	直進性	波長	周波数	名称
多い	低い	強い	1mm	300GHz	ミリ波
			1cm	30GHz	センチ波
			10cm	3GHz	極超短波（UHF）
			1m	300MHz	超短波（VHF）
			10m	30MHz	短波
			100m	3MHz	中波
			1km	300kHz	長波
			10km	30kHz	超長波
少ない	高い	弱い	100km	3kHz	

図0-2　電波のいろいろ

0－2）。

それより波長が短くなると、赤外線や可視光線、紫外線になっていきますし、さらに波長を短くするとX線やガンマ線になります。ガンマ線になると波長は数ピコメートルですから、目では判別できない長さです。

周波数は、低いほど減衰（げんすい）が少なくなります（より遠くまで届く）。また、波長より小さい障害物を越えることができ、**回折**（かいせつ）といって障害物の陰（かげ）へ回り込む性質も強くなります。より遠くへ、満遍（まんべん）なく届かせるには周波数が低いほうが有利です。潜水艦が超長波通信を使うのはこのためです。電波は水の中で減衰してしまいますが、超長波であればある程度の深度までは届きます。

一方で、周波数が高いほうがより多くの情報を届けることができます。

たとえば、波の大きさで情報を表すとします（他のやり方もあります）。コンピュータで扱う情報が0と1で構成されていることはよく知られていますが、小さな波を0、大きな波を1としましょう。であれば、1秒間にたくさん波が現れるほうがたくさんの情報が表せます。このことは第4章でも詳しく説明します。

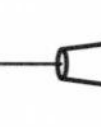

携帯電話のアンテナが短くなった理由

携帯電話はなるべく遠くまで、障害物の裏でも通話できたほうがいい（周波数が低いほうがいい）ですが、高速通信もしたい（周波数が高いほうがいい）という矛盾した性質を持っています。それがバランスするポイントを狙って、これまでは極超短波からセンチ波を使って通信をしていましたが、これからはミリ波などの周波数帯も積極的に活用しようとしています。

こう考えると、光ファイバがいかに通信において優位にあるかも理解できます。光ファイバはその軸部分を構成する石英ガラスを最も通過しやすい近赤外線を使って情報を送ります。電波（３THz〈テラヘルツ〉まで）の領域を超えて、光になってしまっています。

近赤外線の周波数は数百THzで、５Ｇが想定するいちばん高い周波数のミリ波帯と比べても１万倍ほどの周波数になります。もちろん、光を使うが故の苦労もありますが、一瞬で膨大な量の情報を送信するポテンシャルを持っています。

実は波長が短くなると、携帯電話に装備するアンテナも短くなります。アンテナの長さは波長の半分にすると効率がいいのです。４Ｇが使っている周波数だとアンテナ長は数センチですみます。

振幅と位相

振幅は、先ほどの電波の波形でいうと波の大きさになります。振幅の大きな電波は山が高く、谷は深くなります。大きな電圧をかければ大きな振幅の電波（強い電波）を作ることができ、遠くまで届きますが、たくさんの電力を喰うことにもつながります。携帯電話のように限られたバッテリーで駆動する機器の場合、弱い電波でも通信できる工夫が大事になってきます。

位相は、波の1サイクルをどこからどこまでにするのかです。山から始めて山で終わるのか、谷で始めて谷で終わるのかといったことです。これは第4章で詳しく説明します。

「電波を取り合う」ということ

電波はさまざまな場面で活用されていますが、無制限に使うことはできません。同じ周波数の電波がぶつかってしまうと、位相が同じであれば強めあい、逆であれば弱めあう干渉が起こります。情報の伝達に波の形を使う無線通信では避けたい現象です。

そのため、この周波数からこの周波数まで（周波数帯）はこの用途に使うと決められていて、勝手に電波を使うことはできないようになっています。携帯電話も、通信事業者ごとに厳密に周波数帯が割り当てられています。

帯域幅が広いほうが、同じ時間内に大量の情報を送ることができます。どのくらいの帯域幅が確保できるかが、無線通信の肝（きも）になります（図０－３）。

携帯電話も進化するたびに帯域幅を広げてきましたが、それは貴重な資源である電波の取り合いの歴史でもありました。ＡＭラジオの帯域幅がわずか15 kHz（＝１５０００Hz）であるのに対して、５Ｇの帯域幅は１００MHz（＝１０００００００Hz）にもなります。どのくらい広い周波数帯を使っているか、並んでいる０の数でイメージできると思います。

使いやすい周波数帯はラジオやテレビなど多くの競合がいますから、５Ｇ以降の携帯電話網では、これまで無線通信には不向きと思われてきたミリ波も貪欲に開拓されていきます。もともと高周波数は高速通信に向いています。届きにくさを克服することができれば、有望な電波資源だと言えるでしょう。

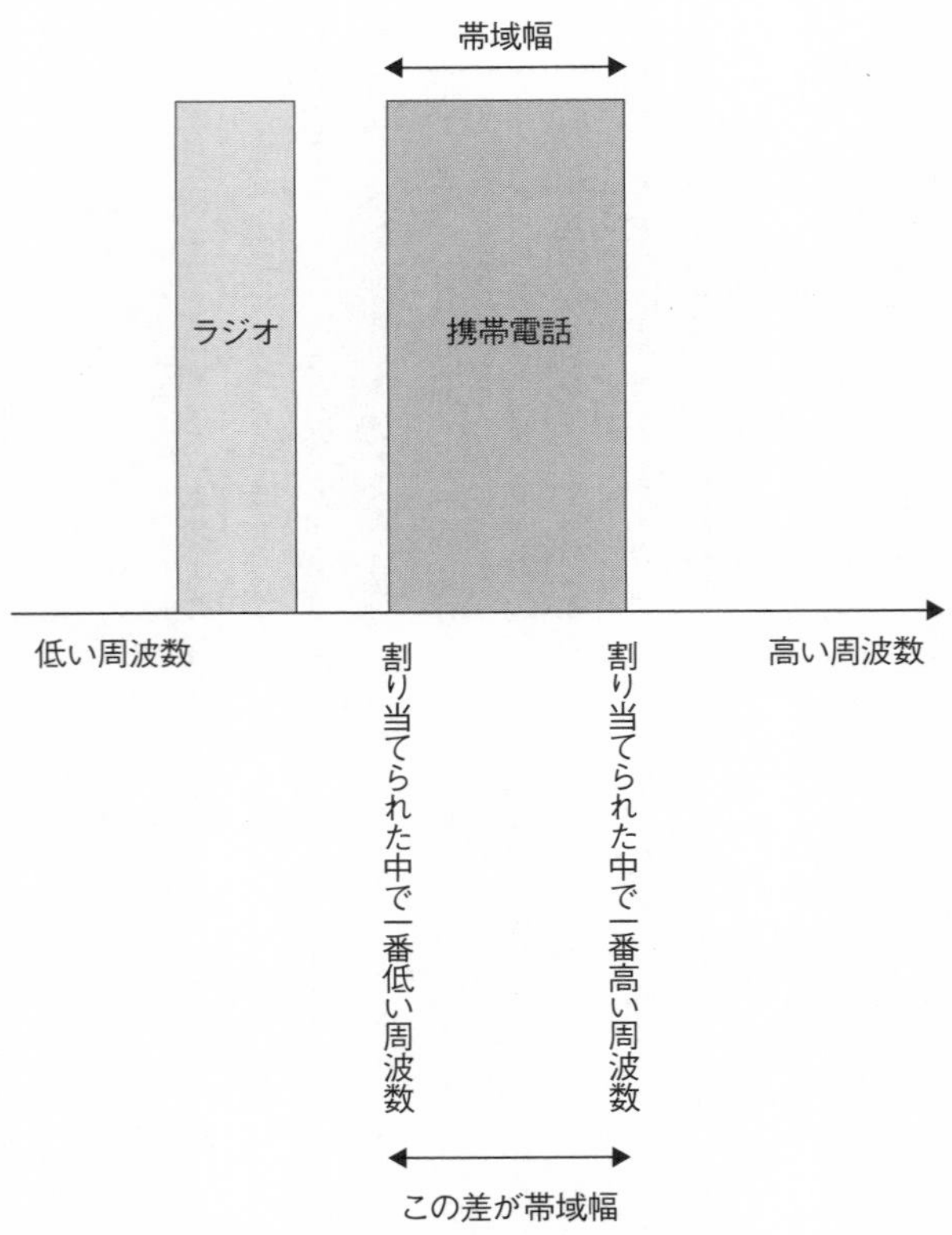
帯域幅
ラジオ
携帯電話
低い周波数
割り当てられた中で一番低い周波数
割り当てられた中で一番高い周波数
高い周波数
この差が帯域幅

図0-3　帯域幅

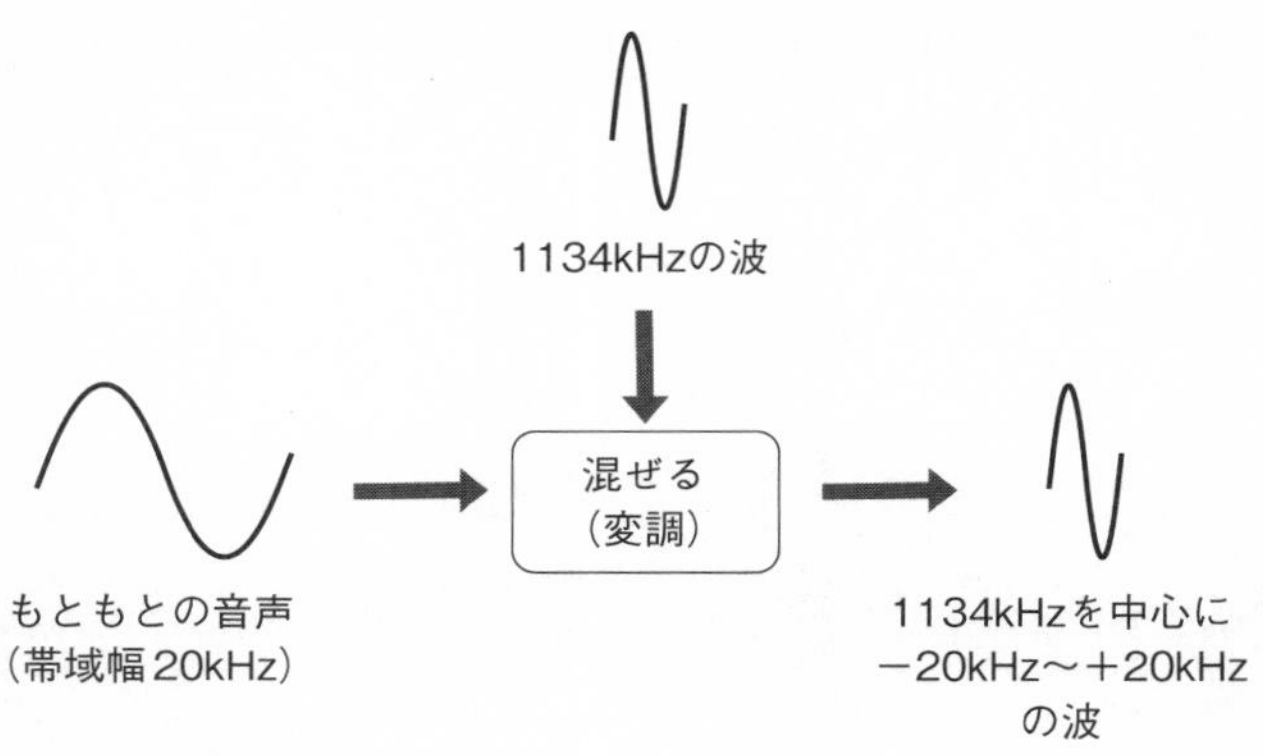

図0-4　変調

いい感じの周波数におさめる「変調」

ところで、そんなにうまく狙った周波数帯に電波をおさめることができるものでしょうか？　ここで**変調**という作業が出てきます。説明が少しこみ入ってきますが、難しいようでしたら「そういうものだ」と考えて先に進んでください。

たとえば、人間の耳が聞き取れる周波数は20Hzから20kHzくらいと言われています。20Hzはほとんど０に等しいですから、周波数帯としては20kHzと考えてよいでしょう。でも、これをそのままラジオの電波に乗せようとしても、周波数が違います。文化放送だったら１１３４kHzですよね。

この１１３４kHzの波を**搬送波**（キャリア）というのですが、もともとの音声と搬送波を変調回路を使って混ぜることで、１１３４kHz を中心にマイナス20kHz～プラス20kHz の周波数帯の電波になります（図０－４）。

ラジオの電波はこれを送っているのです。もちろん、これはたとえ話で、ＡＭラジオの帯域幅は実際にはプラスマイナス７・４６kHz ですから、もっと狭い周波数帯に押し込められて音質が劣化しています。

ここまでの内容をおさえておいていただければ、この本を読み進める上での電波の知識は十分です。それでは、携帯電話のお話へと進んでいきましょう。

コラム１　電波が「強い」とはどういうことか

電波が「強い」とか「弱い」とか、よく言います。何となく強いほうがよさそうですが、強すぎると体に悪い気もします。これはどう考えればよいでしょうか。

すごくおおざっぱな言い方をすれば、激しく動くものは力が強いです。電波で激しく動くとしたら、周波数が高くなるか、振幅が大きくなるかです。

高周波が極(きわ)まっていくと、紫外線になり、X線になり、ガンマ線になります。ミリ波、サブミリ波より周波数が高くなると、電波という枠組みを超えて光と呼ばれるようになりますが、紫外線を境にそれを上回るものは今度は放射線と呼ばれます。X線とガンマ線です。

X線はそのエネルギーの大きさを利用してレントゲンやCTに使われていますが、できれば浴びないほうが良いものです。放射線は年間被曝(ひばく)線量の許容量が定められています。

そう考えると、携帯電話に使われる電波は、放射線はおろか、ふだん私たちが目にしている可視光よりも周波数が低いものです。

一方、振幅が大きな電波も、「強い電波」という言い方をします。むしろ、ふだん私たちが使うのはこちらの意味においてでしょう。

水面を波が伝わっていくところをイメージしていただくといいと思いますが、大きな波はより遠くまで届きます。波の発生源から遠ざかると、だんだん小さくなっていくのはどの波も同じですが、もとが大きければなかなか0にはならず、遠くまで行ける理屈です。

これは可視光でいうと、明るくなることに相当します。これを、よしエネルギーを大きくするぞ

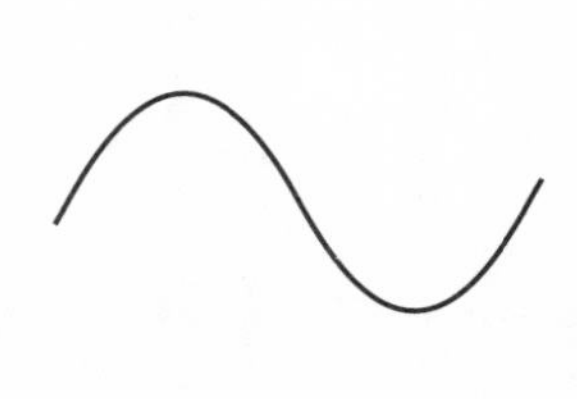
低周波

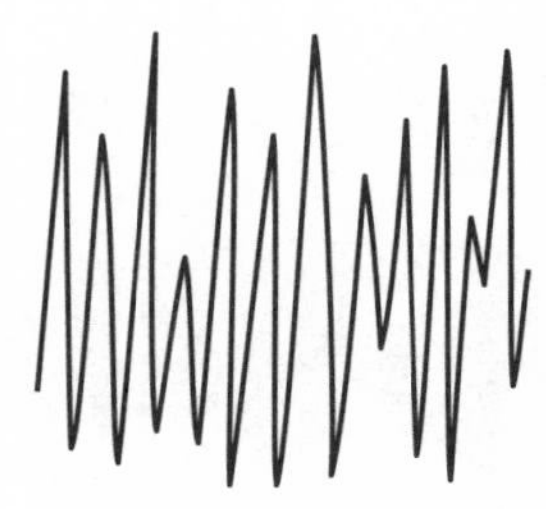
高周波

と、周波数を高める方向に行ってしまうと光の色が青色方向へ変わってしまいますし、もっと周波数が高くなると紫外線になって見えなくなってしまいます。「もっと光を」と求めるときは、ふつうは明るくなってほしいので、振幅を大きくしているのです。光も、明るい光はより遠くまで届きます。

携帯の電波も、周波数を高めてしまうと（その移動通信システムが使うべき帯域からはずれてしまうと）通信ができなくなってしまいます。スマホのディスプレイにアンテナが3本立っている状態というのは、振幅の大きな波を受信できている様子を表しています。

振幅の大きな強い電波は、それを発生させるときにも力が必要です。スマホの場合は、端的に言ってバッテリーを消費します。ですから、強ければ強い

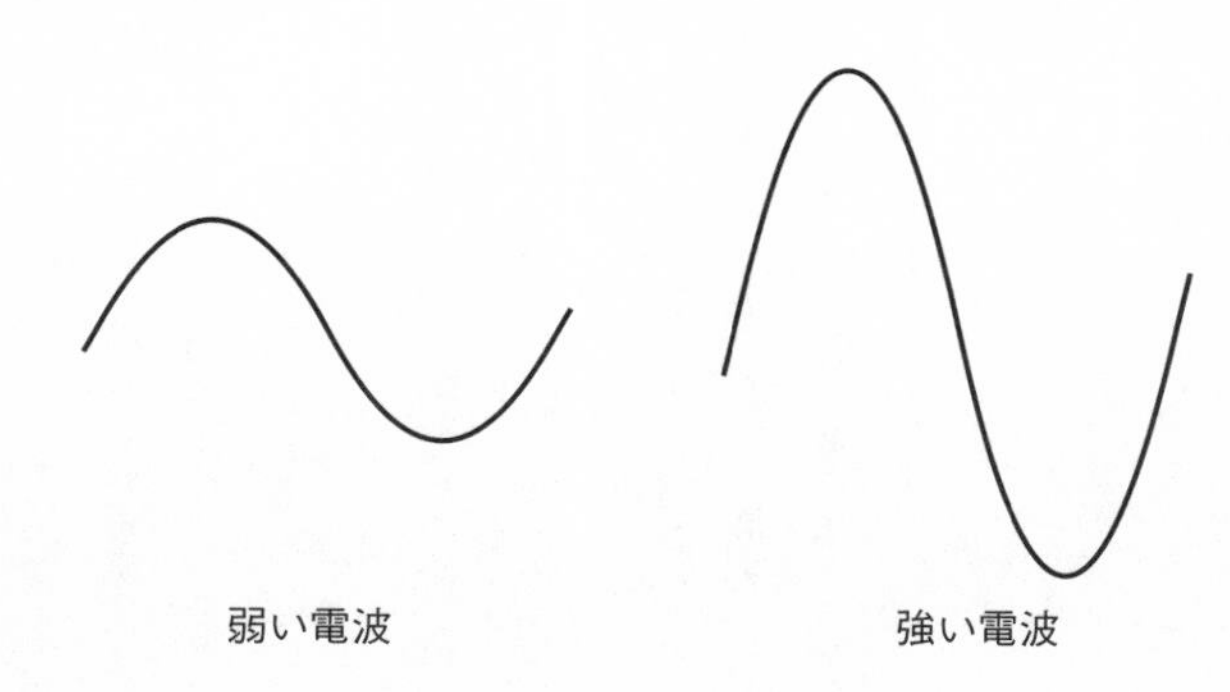

ほどいいわけではなくて、適正な電波強度にしますし、いかに弱い電波で正確に通信内容を伝達するかを各メーカーや各標準化団体が競っています。

振幅の大きな電波を浴びるとどうなるのでしょうか？

これはよくわかってはいません。携帯電話と似たような周波数帯を使っている機器に電子レンジがありますが、電波の強さでいえば電子レンジのほうが桁違いに強力です。もちろん、電子レンジ庫内の電波は直接漏れ出さないようにシールドされていますが、それでもなお、電子レンジを使い始めると漏出電波がノイズになってWi-Fiの通信が乱れることはよく知られています。電子レンジが安全と思えるなら、携帯の電波は無に等しいと言えます。

電子レンジといえば迂闊に使うとブレーカーを落とす機器の代表格で、かたや携帯はあんなに小さな筐体におさまるバッテリーで動かす機器ですから、出力される電波強度の違いもなんとなく想像がつくかと思います。WHOが推奨する電波防護の指針は国際非電離放射線防護委員会（ICNIRP）が出しており、日本もそれに沿って、規制をしています。この規制では1平方センチメートルあたりの電力を1ミリW以下に抑えるよう定められていて、電子レンジはこの基準を守っています。

スマートフォンや携帯電話も同じ規制の対象ですが、実際に観測される電力量は基準値の1万分の1くらいになります。

もちろん、強い電波を一瞬浴びるのと、弱い電波を長時間浴び続けるのとではことなる影響があるかもしれませんが、携帯電話を一日中耳に当てている人も少ないでしょうし、電子レンジがそうであるように、携帯の電波もちょっと離れただけで非常に弱くなるので、その影響は無視できる程度と考えられます。

第０章のツボ

わからなかったらお風呂へ！

携帯電話は電波を使って通信しているが、電波は目に見えないのでとってもわかりにくい。わからないなあと思ったら、同じ波つながりで海の波を想像してしまうのも手である。

強い波は遠くまで届くとか、障害物があると波が遮（さえぎ）られるとか、波同士がぶつかると波形が乱れるとか、手で触れられない電波よりもずっとイメージしやすくなると思う。お風呂で波を立てて試すのもありである。

第 **1** 章

携帯電話がつながるしくみ

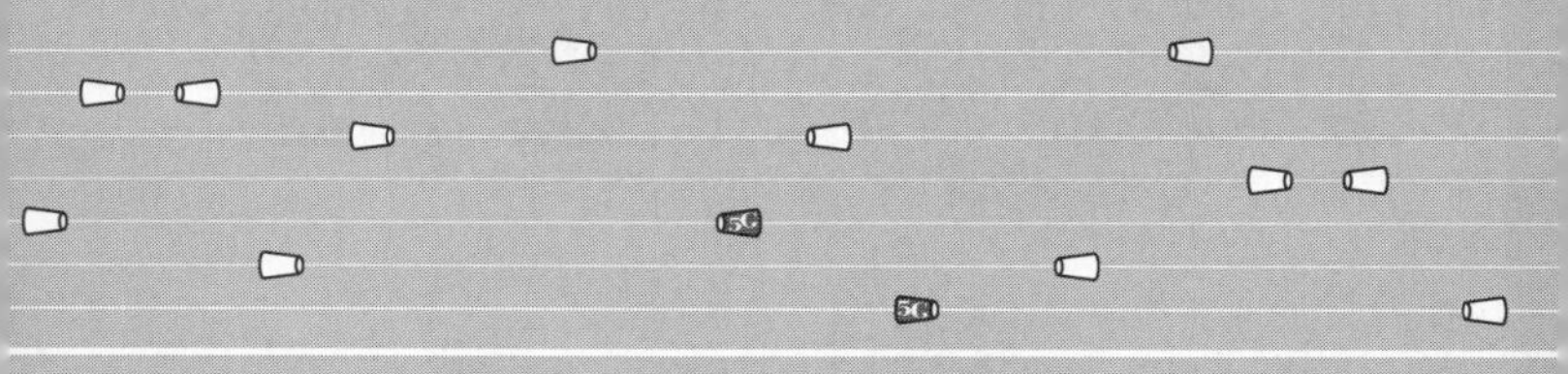

写真1-1　自動車電話

どこまでも小さく、軽く

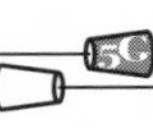

電話を持ち歩くことが、夢であった時代がありました。
その最初のステップは、**自動車電話**（写真1－1）という形で結実しました。これは携帯電話（写真1－2）とは呼ばれませんでした。そう呼ぶのはちょっとおこがましいほどに重く、大きく、まさに自動車に常設するくらいしか、「移動しながら電話する」すべはなかったからです。
いまでもNTTドコモやau（KDDI）などのことを**移動体通信事業者**と言います。動きながら使える通信サービスのことを移動体通信と呼ぶのです。この「移動」は片方だけでも

写真1-2　第一世代携帯電話（1991年）
写真：Fujifotos／アフロ

（固定電話→携帯）、両方でも構いません（携帯→携帯）。

また、移動体通信＝携帯電話というわけではありません。「移動」しながら通信できればいいので、サービスが終了しつつある**PHS**も移動体通信です。

広く捉えれば、アマチュア無線なども移動しながら通信できますし、**無線LAN**（現状ではほぼ無線LAN＝**Wi-Fi**です）も移動しながら接続可能です。しかし、Wi-Fiは移動できる距離がきわめて短い技術です。それでも移動すると、こちらのアクセスポイントからあちらのアクセスポイントへと移動する（**ローミング**といいます。コラム2で解説します）ことになりますが、制約も大きくなってしまいます。ですから、ふつうは無線LANを移動体通信に数えることはしません。現状では、移動体通信＝携帯電話と考えてよいでしょう。

その後、小型化と軽量化は飛躍的に進みました。それには携帯電話を構成するすべての要素がかかわっています。ＩＣもアンテナもディスプレイも筐体も薄く、軽く、強くなりました。しかし、何より寄与したのはバッテリーだったかもしれません。バッテリーはこの40年で本当に、小さく、軽くなりました。

これらを得て、移動体通信は本当の意味での携帯電話になりました。いまやたとえ財布は忘れても、スマホだけは忘れないようにみんな注意しています。スケジュールも支払いもアポも撮影も購買も経路の決定も、みんなスマホを通しています。人間の行いのすべてがスマホに集約されつつあると言っていいでしょう。

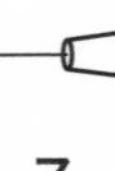

スマホが人類を変えた、ただ1つの理由

いわゆる「携帯電話」は、固定電話を持ち運べるものとして発想され、電話の延長線上にある位置づけでしたが、スマホはパソコンがその発想のベースになっています。アプリケーションソフトウェア（応用ソフト：アプリ）さえ入れ替えれば何でもできる、電話はアプリケーションの1つに過ぎないと割り切ったその設計は、移動体通信の風景を決定的に変えました。

私たちはスマホを相棒として常に持ち歩き、記憶をスマホに外部化し、意思決定すらスマホへと外部化しようとしています。

パソコンですらこれほどの影響力を持たなかったのに、パソコンより性能が悪いスマホはなぜこれほどまでに大きな転換を生活にもたらしたのでしょうか。それは「持ち運べる」という1点に尽きます。

パソコンがどれだけ便利で頼りになっても、家に戻らないと助けてくれないのでは、あるいはカフェに立ち寄ってWi-Fiに接続しないとその機能を発揮できないのでは、道に迷ったとき、支払いを迫られたとき、急な調べ物をしたいとき、間に合いません。パソコンはパーソナルと言いながら、まだほんとうに私たちに寄り添う機械にはなっていません。

本章では、「いつでも使える」「いつでも頼りになる」の大元になっている、どうして携帯電話はどこでもつながるのかを説明していきます。

「1G」と呼ばれていなかった第一世代

携帯電話サービスを提供する移動体通信事業者は複数あり、おのおのが競争関係にあります。各社が他社に対して優位に立とうとして、技術開発にしのぎを削っている状況です。したがっ

て、使われている技術も個々に異なりますが、大筋では同じだと考えてください。細かい技術は国内で最も大きなシェアを持つＮＴＴドコモの例を中心に取り上げます。

この本では最初の携帯電話網である第一世代移動通信システムから、最新の第五世代移動通信システム（５Ｇ）までを、進化の順序にそって解説していきます。それぞれの世代の技術は地層やウェハースのように、前の世代の遺産を前提としてその上に構築されています。

その前提を抜きにして５Ｇの話をしても、なかなか理解しにくいと思いますし、凄(すご)さも伝わりませんから、第一世代から一緒に見ていくことにします。

まずは、世代をまたがっておおむね共通している携帯電話網の全体像を、ざっくりと理解していきましょう。

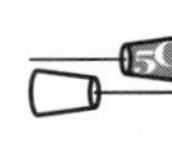

有線でつながった「網」

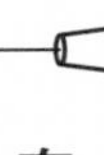

一口に携帯電話網といいますが、そのシステムのかなりの部分に有線通信が使われています。

私たちが持つスマホは、もちろん無線によって**無線基地局**と通信を行います。しかし、その先の経路である、無線基地局～**交換局**（ネットワークセンター）～もっと大きな基幹部分を担う交換局は、有線通信によって結ばれています。

つまり、携帯電話網といっても、ほんとうに末端部分（足回り回線とか、アクセス回線といいます）のスマホ〜無線基地局間で無線通信が使われているだけで、あとは有線通信なのです。無線と有線の通信を比較した場合、同じだけの速度や安定性を実現しようとしたら、無線通信のほうが圧倒的に高額になります。言葉を換えれば、同じコストしか投入できないとしたら、有線通信の方がずっと速く、確実な通信網を作れます。

携帯電話網全体を考えたときに、移動しながら通信するのは私たちの手にあるスマホだけです。無線基地局も交換局も動きませんから、無線基地局と交換局は有線でつなぐのが最も理にかなった方法です。

図1－1でいう**コアネットワーク**は、ＮＴＴドコモ、ａｕといった移動体通信事業者独自のネットワークになります。ドコモならドコモ傘下、ａｕならａｕ傘下の機器にしかつながりません。昔はそれで通用しましたが、今はネットワークの相互運用性がとても重要になっています。ドコモと契約していたって、ａｕの携帯電話とおしゃべりしたいですし、ソフトバンクのスマホにメールを出したいです。

そのため、ドコモのコアネットワークはａｕのコアネットワークへ接続されていますし、固定

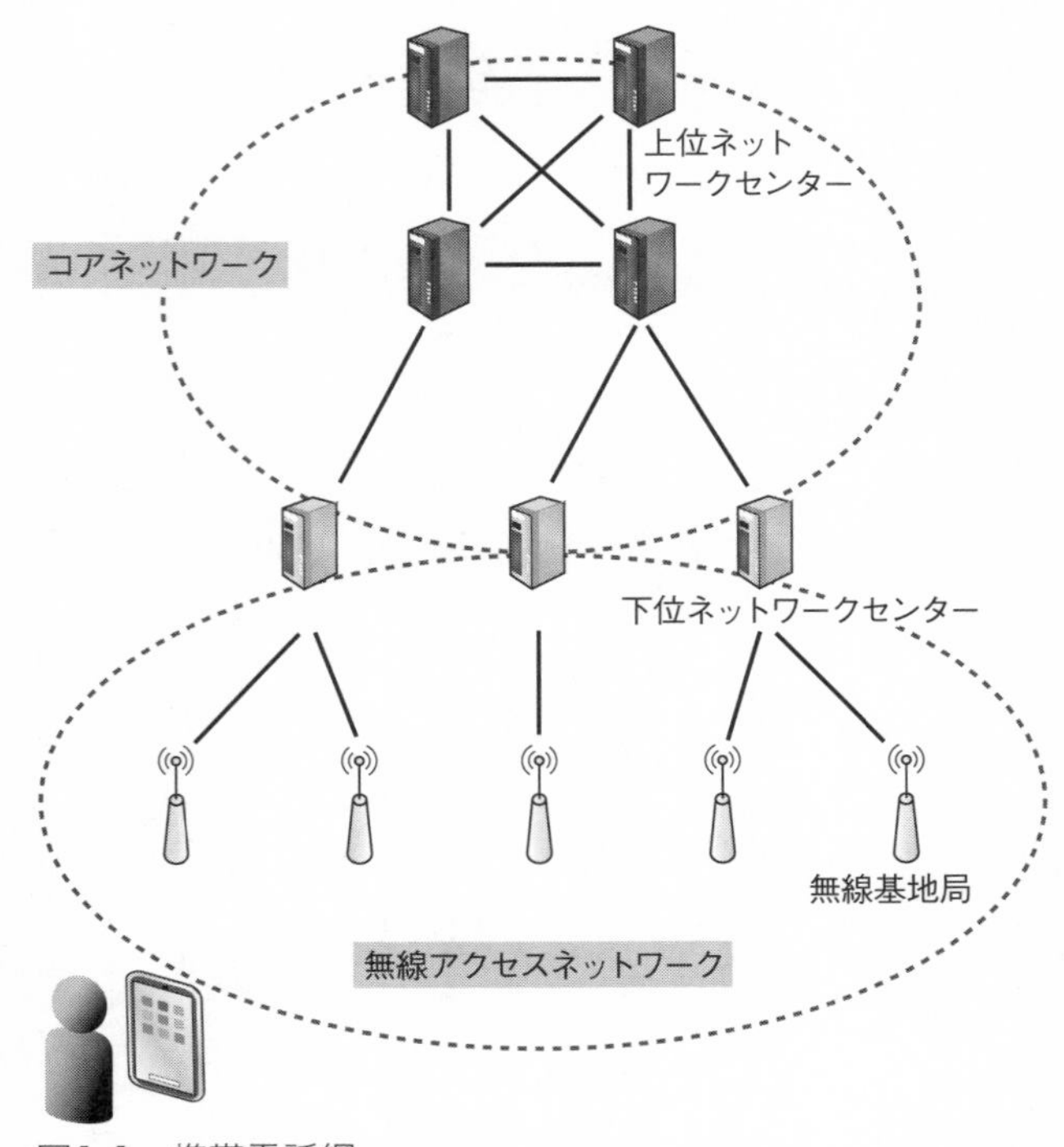

図1-1　携帯電話網
(図中の実線は有線ケーブルをさす)

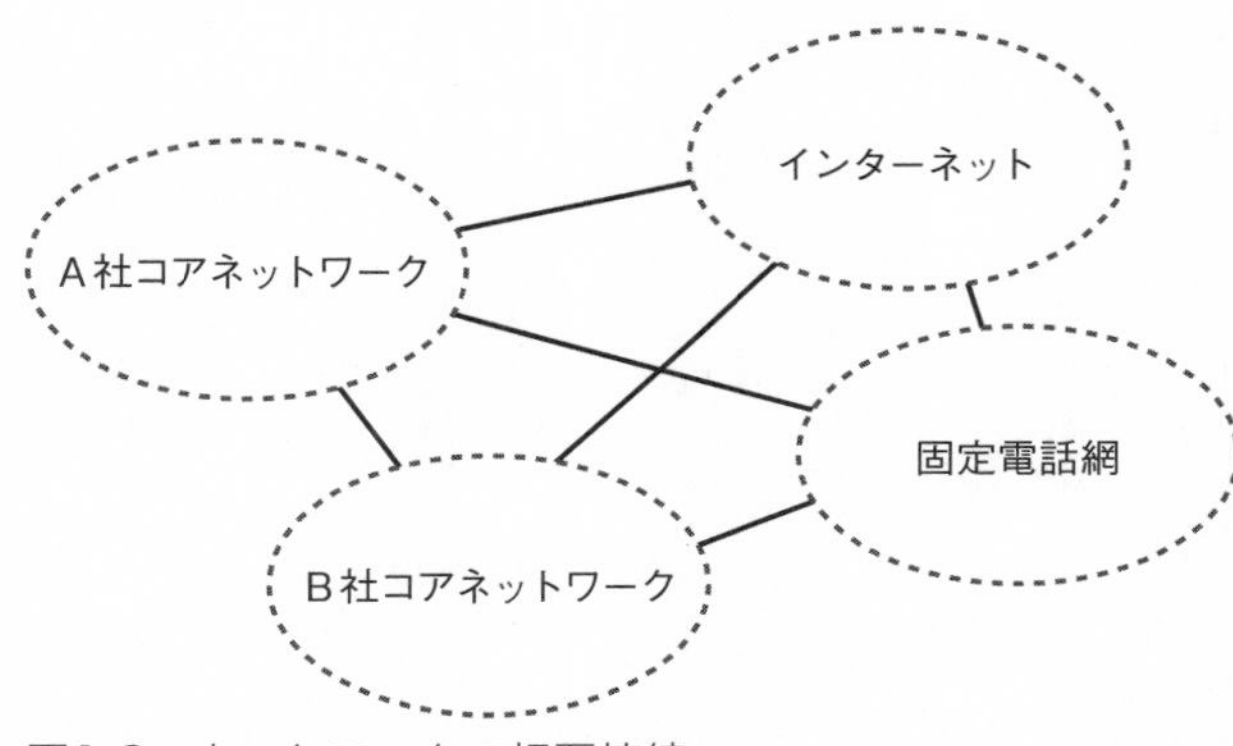

図1-2　ネットワークの相互接続

電話網にもインターネットへも接続されています（図1－2）。コアネットワークはあくまでも、その移動体通信事業者のネットワークですから、通信の流儀（通信プロトコルといいます。通信のルールです）が異なります。

たかが通信の流儀と思われるかもしれませんが、片方がのろしで、もう片方が伝書鳩だと考えれば、いくら「どちらも通信手段だ」と言っても、通じそうもないのがわかると思います。

したがって、それぞれのネットワークの接続点には**ゲートウェイ**と呼ばれる機器が置かれ、このゲートウェイが相手の通信ルールに合うように通信の形を整えて送り出します。このしくみによって、互いに異なるネットワークを相互接続しています。

「閉域ＩＰ網」への統合

なお、通信事業者の中ではネットワークの簡素化と集約が進んでいます。ネットワークの維持には巨額の費用が必要なので、それを減らし、もっと先端技術の開発などに回したいのです。

まず、独自の流儀で行われていたコアネットワークの中の通信ルールが、インターネットの通信ルールであるＩＰに準拠するようになりました。いまやどの移動体通信事業者のネットワークもインターネットと密接につながっていますから、いくら独自のネットワークであると言っても、インターネットの通信ルールと同じにしておいたほうが都合がいいのです。

これはどのネットワークでも同じで、みなさんの会社や学校、家庭の中のネットワーク（社内ＬＡＮや校内ＬＡＮ、家庭内ＬＡＮ）もインターネットの通信ルールであるＩＰで構築していると思います。

自前のネットワークだから本当はどんなルールを使おうが自由なのですが、インターネットに接続するときに手間がかかってしまうので、あわせておくのです。ただ、インターネットと同一だったり、インターネットの一部になったりしたわけではありません。

コアネットワークや社内ＬＡＮは、インターネットと同じ通信ルールを使いながら、やはり独自のネットワークなのです。インターネットはいろいろな企業や組織が作ったネットワークを結んでいった結果、世界中を覆うネットワークへと成長した「ネットワークのネットワーク」です。だから、世界中どことでもつながる反面、どんなルートでどんな組織を経由して通信が届いていくのかわからない怖さもあります。

通信事業者が作る独自ネットワークは、インターネットと同じルールを使っていても、その会社のなかで完結しますから、品質や安全を保ちやすい特徴があります。これを「**閉域ＩＰ網**」と呼んでいます。

今後は固定電話網（公衆回線網）も閉域ＩＰ網に統合されていきます。通信事業者はこれまで、携帯電話網と固定電話網を維持してきたわけですが、この負担はきわめて大きなものです。したがって、両方を統合して、しかもその通信ルールにＩＰを取り入れれば、運用費も相互接続性もメンテナンス性も向上させることができます。

これまで別々のネットワークであった携帯電話、固定電話、インターネットが統合されたり、結合の度合いが大きくなったりして、１つのネットワークへとゆるやかに育っていくイメージです。

もちろんいいことばかりではありません。閉域ＩＰ網に統合された結果、いざという時（故障や災害など）のバックアップがなくなったり、固定電話にいままでほどの即時性がなくなったりするのではないかと言われています。

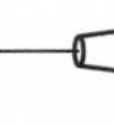

制御用の周波数のおかげで混線しない

携帯電話に話を戻しましょう。

私がスマホを取り出して、電話アプリを起動し電話番号を入力して通話ボタンを押すと、スマホは電波を発して通話がしたいことを伝えます（**発呼**）。

いったい誰に伝えるのでしょうか？　この発呼を拾うのは、携帯電話網の最も末端に位置し、最もたくさんの設置数を誇る無線基地局です。

無線基地局が発呼を認識すると、スマホと無線基地局の間でいくつかのデータがやり取りされます。もちろん、このデータのやり取りには携帯電話網の電波が使われるわけですが、品質の高い通信を行うための工夫として、制御用の周波数（**チャネル**といいます）と実際に送りたいデータを送受信するための周波数は分けられています。後で説明しますが、同じ周波数の電波が衝突すると、**干渉**と呼ばれる現象が起きて電波の波形が乱れてしまいます。波形の違いによって情報を送っている無線通信にとっては、起こって欲しくない現象です。

たとえば、ある周波数で通話をしているときに、「電話がかかってきました（**着呼**）」のお知らせが同じ周波数で飛んできたら、干渉して通話が乱れるかもしれません。もっとまずいのは、着呼のお知らせが携帯電話に届かなくなってしまうことで、利用者は電話があったことに気づけなくなってしまいます。

あるいは、ある無線基地局がカバーするエリアからはみ出しそう（電波が届かなくなりそう）なので、お隣の無線基地局に切り替える処理（**ハンドオーバー**といいます）をしなければならないのに、そのための情報のやり取りが通話に邪魔されてできないのも困ります。こうした現象を起こさないために、制御用とデータ用を分けておくのです。

これは携帯電話網に限ったものではなく、たとえばインターネットでファイルをダウンロードしたりアップロードしたりするときの標準的な手順である**ＦＴＰ**でも、同じアイデアが取り入れられています。パソコンの通信は**ポート**（1台のパソコンに0〜65535番まであります）という単位で管理されていて、一般的にはアプリＡは２０００番ポート、アプリＢは３０００番ポートというふうにポートを割り当てますが、ＦＴＰの場合は1つのアプリで２つのポートを占有して、20番ポートがデータ用、21番ポートが制御用と使い分けています。

こうすることで、大きなファイルや大量のファイルをダウンロードしている最中にも、確実に「次はこの動画をダウンロードするぞ」といった制御信号をやり取りできるわけです。

番号から正体を探る

無線基地局とスマホの間でやり取りされる情報のうち、最も重要なのは（当たり前ですが）送信元電話番号と送信先電話番号です。送信元が本当に自分の会社の利用者であるのか、送信先の端末はどの会社に属しているのか、自社だったとしたらどのへんにいるのかを判断する材料だからです。

しかし、無線基地局はこうしたことを自分では判断せず、携帯電話網のツリー構造でいうともっと上位の交換局に伝送します。多数ある無線基地局にこれらの判断機能を持たせようとすると、機器の高コスト化や大型化、メンテナンスの大変さを招いてしまい、効率的ではないからです。

したがって、一見無駄に思えるかもしれませんが、交換局に設置されている**加入者交換機**に情報を伝送して、これらを判断してもらうのです。もちろん、無線基地局から交換局までは先の図1-1で示したように、すでに有線通信（光ファイバ）のエリアになっています。そのほうが高速で効率の良い通信ができますし、貴重な携帯用電波の帯域を消費しません。

位置情報を知るのは「ホームメモリー」

ただ、この加入者交換機も携帯電話網全体で考えると、下部の構成要素に過ぎません。何が言いたいかというと、たとえば送信先電話番号が自社の携帯電話加入者のものだったとして、下部組織である加入者交換機はすべての加入者がどこにいるかを知りません。

加入者、すなわち自社のスマホがいまどこにいるのかは、携帯電話網を運営する上でとても重要な情報ですが、無線基地局に機能を持たせすぎると効率が悪くなるように、加入者がどこにいるのかを示す情報を各加入者交換機に持たせるのも効率が悪いのです。とても大きなデータベースになりますし、利用者が移動するたびに頻繁に追加・更新・削除される情報なので、管理者の視点でいえばなるべく一箇所に集めたいのです。

そこで、移動体通信事業者は自社の利用者がいまどこにいるかを、**ホームメモリー**と呼ばれる場所に集約して一元管理しています。無線基地局はエリア情報を常に発信しています。スマホは自分が認識している居場所と受信したエリア情報が異なっていた場合に、ホームメモリーにアクセスして位置登録を要求します（認識が同じであれば、この要求は行いません。そのほうがバッテリーの節約になりますし、通信も混雑させずにすみます）。こうすることで、通信事業者は常にスマホ

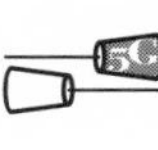

がどこにいるかを正確に把握できます。

ホームメモリーは携帯電話網のツリー構造の上位に位置する大型の交換局に設置されています。この交換局に配置される交換機は**中継交換機**と呼ばれる大型のもので、無線基地局とは直接結ばれておらず、各加入者交換機を統括する役割を果たします。

「交換機」のしていること

加入者交換機が送信先電話番号を見て、「これは自社のスマホである」と判断すると、ホームメモリーに場所を問い合わせます。ホームメモリー上で、「このエリア（位置登録エリア）にいる」と発見すると、相手のスマホを呼び出すための**ローミング番号**を教えてくれます。電話をかけたスマホが所属している加入者交換機は、そのローミング番号を使って相手先のスマホが所属している加入者交換機（その位置登録エリアを管轄しているやつ）を呼び出し、電話がかかっている旨を伝えます。なぜ電話番号そのものではなくて、ローミング番号などという別の番号を使うかというと、携帯電話の番号には位置情報が含まれていないからです。

固定電話であれば、電話番号の先頭部分（市外局番）を見れば、相手のだいたいの位置がわかります。01であれば北海道地域ですし、09であれば九州・沖縄地域です。その情報を使って、接続すべき加入者交換機がわかります。

しかし、携帯電話は持ち歩くので、電話番号からは居場所がわかりません。そこで、「今はこの場所の加入者交換機の管轄下にいる」ことを示すための一時的な番号をつけるのです。これがローミング番号です。

呼び出された加入者交換機は、配下にあるすべての無線基地局から電波を発して、送信先電話番号の相手に知らせます。「すべて」です。そうしなければ、狙っているスマホへ確実に電波を届けられないから当たり前といえば当たり前なのですが、ちょっと電話をかけたりメッセージを送ったりするだけで膨大な量の電波が飛び交っていることは想像できるかと思います。

回線を割り当てる

知らせを受けたスマホがそれに対して応答すると、送信元であるスマホと送信先であるスマホの間に回線が割り当てられ、通話が始まります。この回線はなるべく経路が最短化されるように設定されます。一般的な経路としては、

スマホ→無線基地局→下位交換局→上位交換局→下位交換局→無線基地局→スマホ

ですが、通話相手が近くにいる場合は、

スマホ→無線基地局→下位交換局→無線基地局→スマホ

というふうに接続して、ショートカットをします。上位の交換局にデータ伝送の負担をかけずにすみますし、経路が短いぶん伝送速度の向上も期待できます。

この例では、同じ通信事業者内での通話を取り上げましたが、別の通信事業者に属するスマホや固定電話、インターネットのサーバと通信する場合でも、動作の大筋は同じです。別の通信事業者のスマホや固定電話と通話するならば、**関門交換機**を通じてその会社の携帯電話網や固定電話網へ接続しますし、インターネット上のサーバとデータの送受信をするときは、ゲートウェイを通してインターネットへと接続します。

このように、携帯電話網のしくみは比較的シンプルです。もちろん、一読しただけですべてを理解できるほど単純ではないかもしれませんが、世界中を覆うにいたったネットワークとしては、拍子抜けするほど簡素なしくみだったのではないでしょうか。

でも、私たちはこのシンプルなしくみに、いまや生活のかなりの部分を預けていますし、どんどん進歩させてきました。次章以降では、携帯電話網の進歩とは何だったのか、何が新しくなり、何が変わらないままなのかについて、説明していきます。

コラム2 積極的なタイプはすぐ乗り換える？

「ローミング」はいま複数の意味で使われている用語です。

真っ先に思い浮かぶのは国際ローミング、すなわち「ある移動通信システムを本来は使えない場所、範囲外の場所でも継続的に円滑に利用するための手法」だと思います。

国内で契約しているスマホを海外に持っていって使うとき、当然海外では契約している通信事業者の電波は飛んでいませんが、その国の移動通信システムがあります。通信事業者同士がローミングで提携していて、利用者も自分が利用している通信事業者とローミング契約を結んでいれば、海外事業者の携帯電話網を使って国内にいるときと同じようにスマホを利用することができます（日本の携帯電話を他国で使うことをローミングアウト、他国の人が日本で使うことをローミングインといいます）。

国内でも、たとえば新興の通信事業者が、全国をカバーする携帯電話網をなかなか構築できないときに、他社の携帯電話網を借りることがあります。楽天が新規参入時にａｕの携帯電話網を借りたのが好例で、これもローミングです。

同じ通信事業者内で、ある無線基地局の電波が届かなくなってきたときに、別のより近い無線基地局の電波へと乗り換えるのは携帯電話の基本的な動作です。これをローミングと呼ぶケースもありますが、一般的には「ハンドオーバー」と呼んで区別します。

本来の語義（訳すと「散策」ですね）から考えると似ているのですが、「複数の通信事業者が絡んできたときに、ローミングと呼ぶ」のだと考えておくと、すっきりすると思います。

ややこしくなるのは、Wi-Fi のローミングです。Wi-Fi の電波が届く範囲は決して広くありません。壁や床があるとその範囲はさらに減少します。広めの家や会社で Wi-Fi を運用する場合、アクセスポイントから離れた箇所は端末が拾う電波が微弱になり、通信しにくくなることがあります。

そこで、同じＳＳＩＤ（識別名）で別のアクセスポイントを立て、あるアクセスポイントの電波が弱くなってきたら、別のアクセスポイントの電波に乗り換えることができるしくみが用意されています。これもローミングと呼ぶのです。携帯電話網のローミングとは、ちょっとわけて考えておいてください。

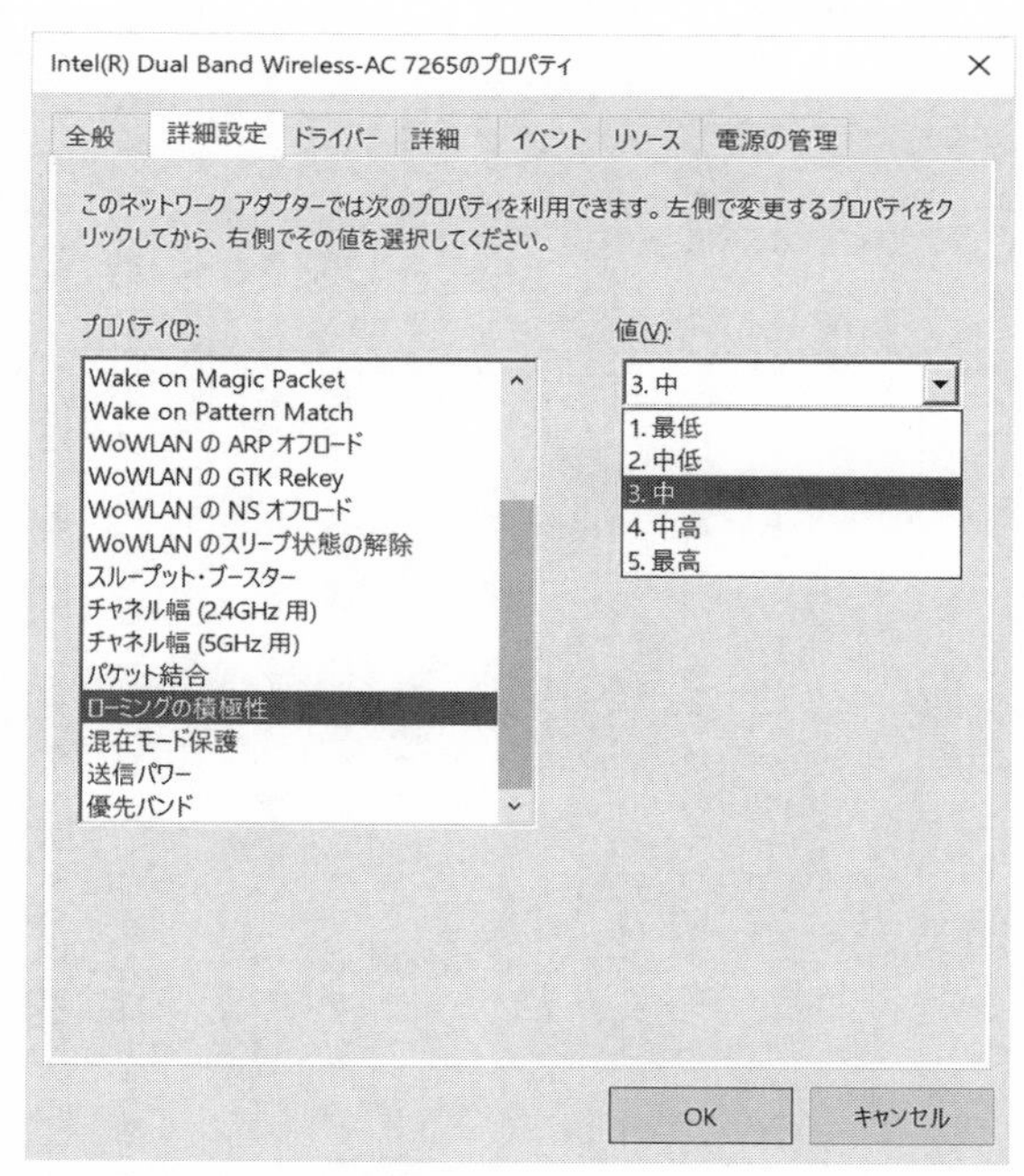

図　ローミング積極性の設定
（Windowsのデバイスマネージャーの画面）

利用者の立場ではあまり気にせずに利用できてしまうところですが、たとえばPCの無線LANアダプタの設定を見ていただくと、ローミングに関する項目を確認することが可能です。

前ページの図で示したのは、このWi-Fiのローミングがどれだけスムーズに切り替えられるか、つまり「ローミング積極性」についての設定です。

一見すると、これを「最高」に設定して、いま使っている電波より強い電波があれば、どんどん乗り換えられるようにすればいいと考えてしまいます。ですが、どちらの電波が強いかわからないような境界領域でローミング積極性を「最高」にしていると、接続するアクセスポイントを常に切り替え続ける羽目になりかねません。

アクセスポイントを切り替えるときには、短いとはいえ通信の切断を伴いますし、バッテリーも消費します。電波が弱くなっているのに頑固に1つのアクセスポイントにこだわり続けるのもよくないのですが、ほいほい乗り換えるのも弊害があるわけです。

そのため、どのくらいのアグレッシブさでアクセスポイントを変えていくかを、自分で設定できるようになっているわけです。

第１章のツボ

電波が飛ぶのは最終段階のみ

家のコードレス電話のアンテナは１本なので、電波が届く範囲は狭い。携帯電話網は数の暴力でそれを全国ネットにしている。もちろん、電波も強いのだが、まずは数だ。

アンテナのその先はふつうに有線ネットワークになっている。携帯電話網といっても、本当に電波を使って通信しているのはスマホとアンテナの間だけ。携帯電話の位置はホームメモリーに記録されている。

第 2 章

携帯電話の「世代」とは何なのか

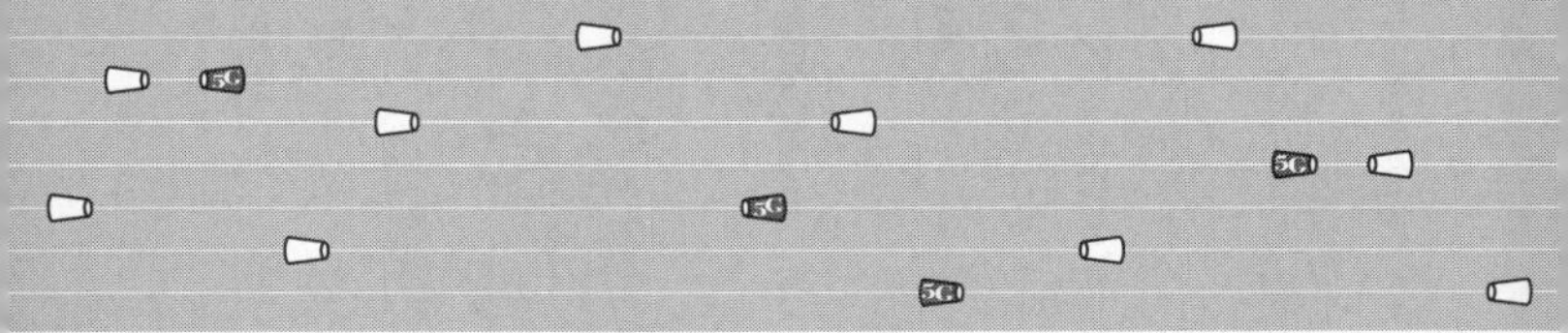

第二世代携帯電話、第三世代携帯電話……、新しい技術が登場するたびに華々しい広告が打たれ、新しい時代の到来やよりよくなった生活を象徴するようになりました。

第三世代のあたりから「3G」という表記や「スリージー」という読み方が一般化しましたが、その後3・5Gや3・9Gでわけがわからなくなりました。そうした混乱も4G（フォージー）で収束し、いまは5G（ファイブジー）の時代が到来するところです。

この世代と世代をわける鍵は何なのでしょう。この章ではそれを説明していきます。

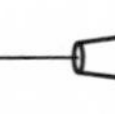

簡単に変わりそうで変わらない

第一世代はアナログの携帯電話です。ざっくりとした言い方をすれば、従来型の固定電話のしくみを無線化して、外でも使えるようにしたものです。

第二世代は無線伝送のしくみをデジタルにしました。これによってデータ通信が容易になります。携帯電話を使ったショートメッセージサービス（SMS）やメールのサービスが拡大したのはこの時期です。

第三世代は携帯電話の通信プロトコルが世界標準化されたことが特徴です。もちろん、すべての世代において高速につながること、大きなデータを送れることは飛躍的な向上を見せているのですが、技術的な枠組みを考えると第三世代の主要技術は第二世代の延長線上にあります。特徴を1つ……、ということであれば世界中で同じ通信技術、通信規約を使うようになったことがあげられると思います。

第四世代にはなかなかなりませんでした。第三世代でもそうでしたが、第一世代から第二世代のように、アナログからデジタルへといった抜本的な転換や革新があったわけではなく、基幹部分に同じ技術や規約を使いながらその高度化を目指すアプローチがとられたからです。

第四世代携帯の普及期はスマートフォンの爆発的な普及期と重なったため、どの移動体通信事業者も少しでも速く、少しでも大容量の通信を市場に投入することを欲していました。そこで、第四世代携帯の要素技術はこれとこれとこれだろう、と考えられていたものが逐次（ちくじ）投入され、「第四世代とは言えないけれども、すでに第三世代ではない」通信技術が巷（ちまた）にあふれることになりました。

これらを総称して、主にマーケティング的な意味合いから、3・5Gや3・9Gと呼ばれるようになったのです。さすがにこれは混乱のもとだと考えられたのか、これらの呼び方はＬＴＥ（Long Term Evolution）にまとめられていきます。第三世代に徐々に長期間にわたって改善を加えて第四世代に近づいていくので、ロング・ターム・エボリューションなのです。

ＬＴＥはさらにLTE-Advancedという発展規格を生み、ＩＴＵ（国際電気通信連合）がこれを

4Gと定めたため、宙ぶらりんな状態は終わりを告げました。

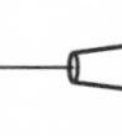

時間は「離散的」なものになった

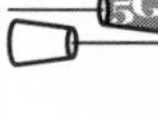

ではまず、第一世代から第二世代への変化を見てみましょう。つまり「アナログからデジタルへ」の移行で何が起きたのでしょうか。

アナログとは連続、デジタルとは離散のことです。そう言われても、今ひとつピンと来ませんん。

身近なところで、時計を想像するとわかりやすいかもしれません。アナログの時計は秒針が連続的に変化していきますし、デジタルの時計は1秒の次は2秒、2秒の次は3秒と、非連続的に（離散的に）時間が進んでいきます。

私たちのふだんの感覚では秒よりも細かい単位で時間を計ることはあまりないと思いますが、1秒と2秒のあいだには1・5秒も1・75秒もあるはずです。アナログ時計の秒針がなめらかに動くさまを見ていると、このことは直感的に理解できます。

でも、デジタル時計では1秒の次は2秒、2秒の次は3秒であって、1・5秒や2・75秒の存在はばっさりと切り捨てられています。このことを離散的と表現するのです。

昨今の風潮として、アナログよりデジタルのほうが優れていると判断されることが多いですが、アナログとデジタルにはそれぞれの特徴があり、ある視点ではデジタルのほうが優れているけれども、別の切り口ではアナログのほうが優れているといった関係にあります。全体として、こちらのほうがいいと断言できる状況ではないことに注意してください。

アナログの利点と弱点

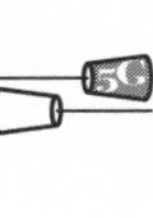

第一世代の携帯電話網が登場したとき、その伝送方法にアナログが使われたのは自然なことです。まず、ベースとなる固定電話網がアナログの技術で組み上げられていましたから、そうした過去の技術資産（レガシー）を十分に活用することができます。

また、第一世代携帯電話では、その用途の中心は音声通話だと考えられていました。人間が発話する音声はアナログ信号ですから、これを電気通信に乗せる、音声を電気信号に置き換えて再現するのにアナログは適しています（図2－1）。

しかし一方で、アナログ通信では都合の悪いこともあります。

電気信号を伝送すると、通信経路のあらゆる場所で何らかの干渉が起こります。ケーブルの周囲に強い電磁波を発する機器が置かれているかもしれませんし、電気信号の中継を行う通信機器

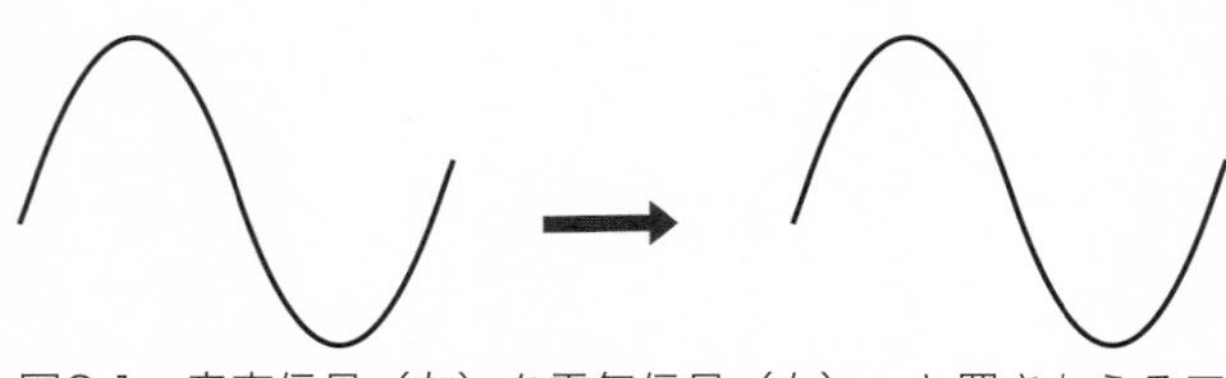

図2-1　音声信号（左）を電気信号（右）へと置きかえるアナログ通信

がノイズを混入させてしまうかもしれません。すると、電気信号は送信されたときの状態を維持できず、形にズレが生じます（図2－2）。

アナログ通信の場合、電気信号が描くカーブは、再現すべき音声信号そのものですから、ノイズが混じってカーブが歪になれば、ダイレクトに音声の再現品質が下がります。実際、この時期の携帯電話の通話品質は決して高いものではありませんでした。

今よりも頻繁に固定電話での通話が行われていた時期でしたので、どうしても固定電話の再現する高品質な音声と比較されてしまいます。通話品質の向上はすべての移動体通信事業者にとって、喫緊の課題でした。

また、メールなどの**データ通信**の需要も伸びてきていました。最初期のメールサービスはとてもプリミティブで、ファイルの添付などもできませんでしたが、それでも音声通話とは異なるデータ通信の需要は確実な拡大が予想されました。メールをはじめ、コンピュータ内で処理される情報はデジタル信号ですから、これをアナログ信号に変換して送受信することは余計な一手間が加わることになります。

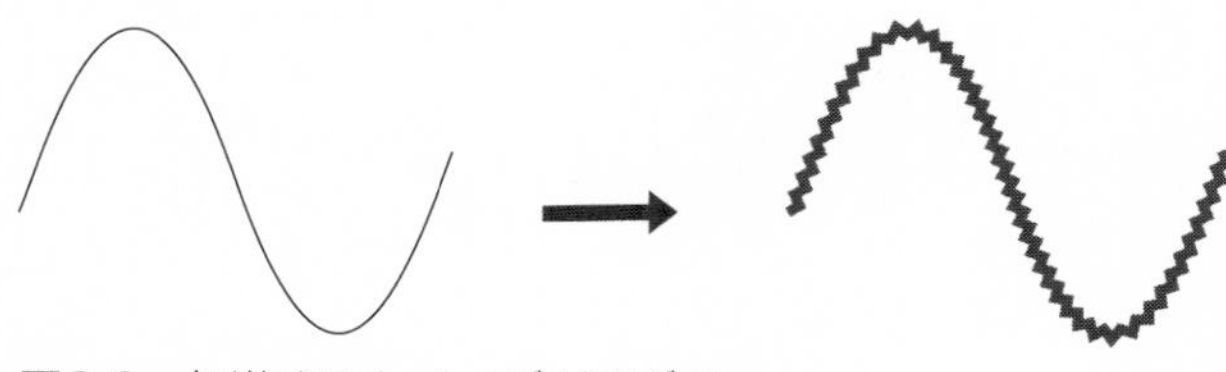

図2-2　伝送するとノイズが混ざる

これらのことから、第二世代携帯電話では伝送部分のデジタル化が行われたのです。

曲線をデジタルで表現する

続いて、伝送のデジタル化がどのように行われるのかを見ていきましょう。

アナログ信号である音声をデジタル信号に変換するためには、**標本化**（サンプリング）と**量子化**を行います。

サンプリングという言葉は、ふだんの生活の中で馴染みがあるのではないでしょうか。音楽配信を購入するときなどに、「この曲はどのくらいのレートでサンプリングされているの？（音質はどうなの？）」などと聞く、あれです。

デジタルには、「指で数えられるような、整数で表現する」の意味があります。先ほどのアナログのグラフをもう一度見てみましょう（図2－3）。

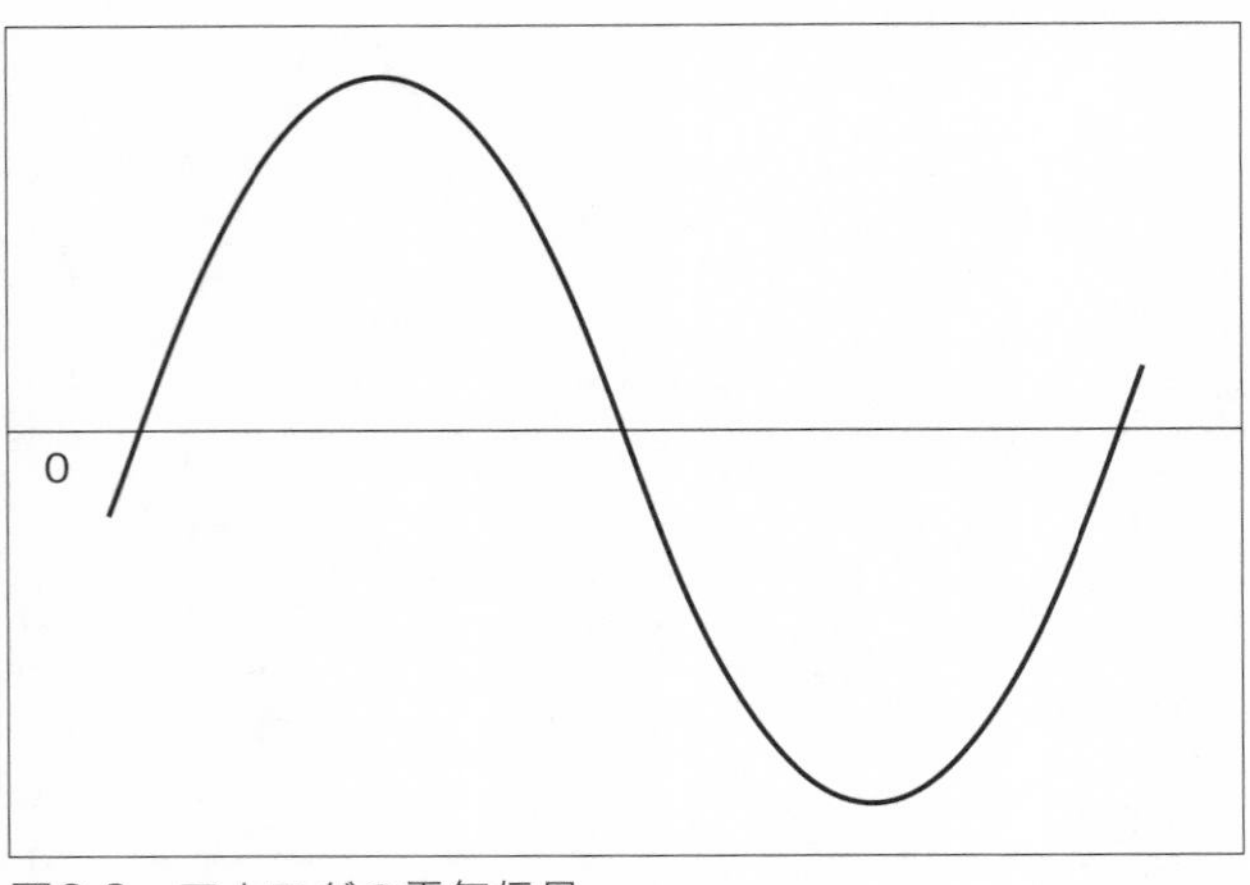

図2-3　アナログの電気信号

ここに目盛りをふったとしても、「ここは0、ここは6、ここは3.1415……う〜ん、判断がつかないな」のようになって、とてもすべてのデータを整数で表すことはできません。

これではらちがあかないので、最初のステップとして数値を拾ってくるポイントを確定します。

A点で1、B点では3……のように、数値を観測していくわけです。

観測点を図に打点していくと、図2－4の下のような感じになります。

アナログのデータ（図に描かれている曲線）を、デジタルのデータ（図に描かれている点）に変換しているわけです。「変換」ですから、このとき当然もとの曲線のデータは消してしまいま

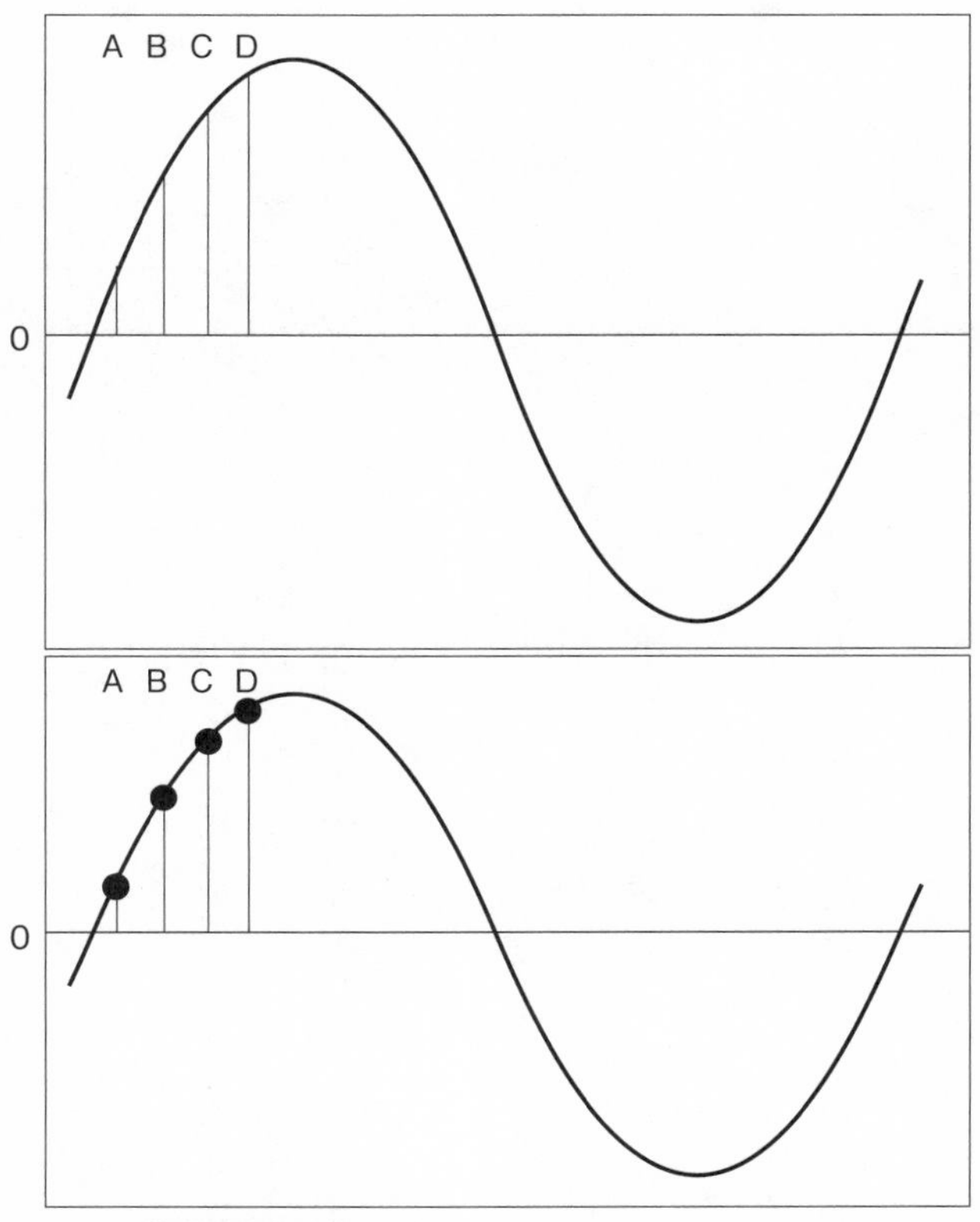

図2-4　数値を観測する

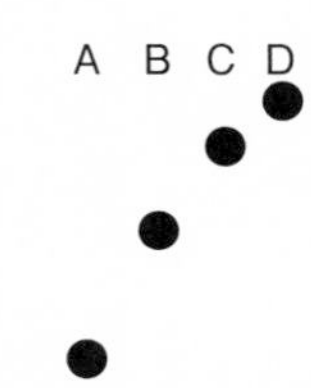

図2-5　デジタル変換後

図2-6　再現した

す。

するると、図2－5のようにデータが残ります。あとで説明しますが、この形式のデータのほうが加工しやすく、伝送にも向いているのです。ただし、伝え終わった後に、このままでは使いようがありません。少なくとも、このグラフを見て「ほほう、これはショスタコーヴィチの曲だな」とわかる人はなかなかいません。したがって、もとのアナログのデータに戻してやる必要があります。

欠落した情報を補う

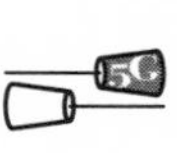

曲線のデータは失われてしまっていますが、どうするのでしょうか？　解決法は単純で、点と点を線で結びます（図2－6）。

これで、もとの曲線が再現できました。このデータを使えば、スピーカーを鳴らし、音を再現することができます。

しかし、もとのデータの滑（なめ）らかさに比べると、再現された線がかくかくしていることは否めません。その分、再現された音質も低下します。これがデータをデジタル化したときに、どうしても生じてしまう情報の欠落です。

情報の欠落はこの方法の特性上、避けられませんが、少なくすることはできます。再現したときに曲線が滑らかになればいいわけですから、情報の観測点と観測点の間隔を詰めることで対処できます。

図2－7の真ん中が先ほどの図2－6と同じものですが、下図では観測点の間隔を半分に、上図では間隔を倍にしました。そこから再現されるもとの曲線が、上図ではオリジナルとかけ離れたものに、下図ではオリジナルにだいぶ近いものになっていることが見てとれると思います。

だから、なるべく観測点の数を増やしたいのです。

音を輪切りにする方法

1秒間に何個、データを観測するか（これを「標本をとる」「サンプリングする」と表現します）は、ヘルツ（Hz：振動数、周波数）を単位として表します。もとになる音声データ（曲線のデータ）から1秒に1個の数値を拾ってくるのであれば1Hzで、100個ならば100Hzです。

1秒間に1000個のデータを取得すると1000Hzになりますが、ゼロの数が増えてくると

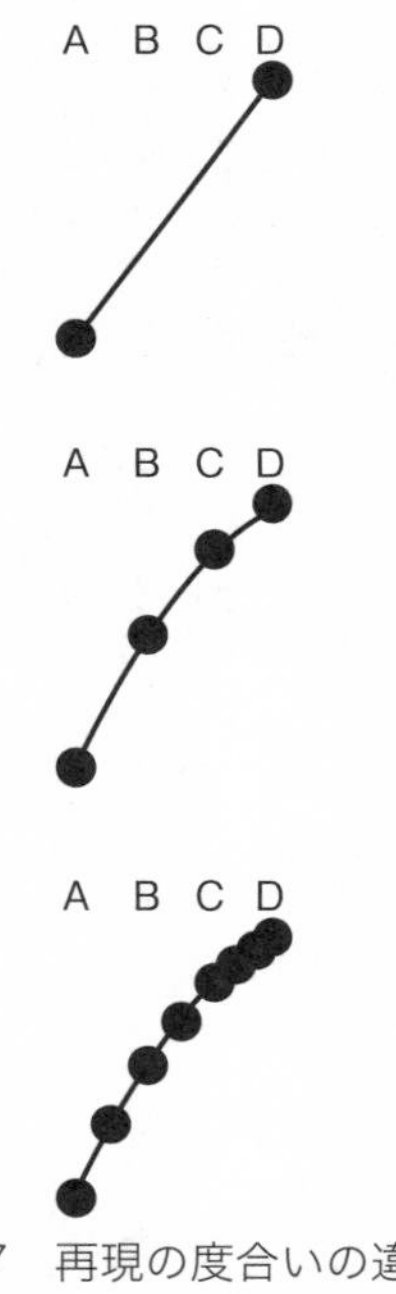

図2-7　再現の度合いの違い

読み間違えやすくなるので、１０００メートル＝１キロメートルと同じように国際単位系（ＳＩ）接頭辞（２３０ページの表を参照）を使って誤解が生じないようにします。

国際単位系では、10がデカ、１００がヘクト、１０００がキロ、１００００００がメガでした。記憶容量の「１００メガバイト」などはよく耳にします。これは、１０００００００００バイトのことです。

音の場合は、ＣＤにデータを入れるときの標本の採り方が、44・1kHz（キロヘルツ）になっています。キロ＝１０００ですから、接頭辞を使わずに表現すると４４１００Hzで、１秒間に４４１００回にわたって音を取得することがわかります。

１秒を４４１００回で輪切りにするとなると、ちょっと想像がつきません。音楽のことを考えてみましょう。たとえば、♩＝１２０の曲があったとします。これは１分間に四分音符を１２０個消化するテンポで演奏することを意味します。

１分間に１２０回ですから、１２０÷60＝２で、四分音符は1秒間に2回奏でられることになります。０・５秒に1回ですね。

ということは、ＣＤの録音では四分音符１つを演奏している間に、２２０５０回も音の標本を採取しているわけです。ものすごい量です。

音にこだわる人は、もっとたくさんの標本を取得しようと考えることがあります。４８０００

Hz、9600Hzと回数を増やしていくのです。

ただ、標本はやみくもに取得すればいいわけではありません。観測点を増やせば増やすほど、機器への負担が増し高額になりますし、取得したデータの総量も大きくなります。

携帯電話の場合はこれを通話相手に伝送しなければならないので、データ量の肥大は問題を引き起こします。

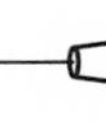

ハイレゾの音質がわからなくても大丈夫な理由

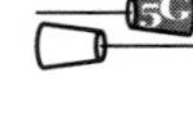

最適な標本の取得方法は、**標本化定理**で知ることができます。

周波数が描くカーブに対して、どのくらいの頻度で標本（先ほどの例で言えば、どのくらいの頻度で点を打つか）を取り出せば、得られた標本（点）からもとのカーブを再現できるかを明らかにした定理です。この定理から、もとのデータの最大周波数の2倍以上の周波数で標本をとればよいと導かれています。

これはクロード・シャノンの証明が有名なので、通常は「シャノンの標本化定理」と呼ばれています。ですが、この定理の構築にはシャノン以外にも多くの人が貢献していることが知られており、日本の染谷勲（そめやいさお）も貢献者の1人にあげられています。

音のデータが作る周波数は、音の高さによって異なりますが、人間が聞き取れる音の範囲は低音側で20Hz、高音側で２００００Hz（＝20kHz）と言われています。高音のほうが周波数が高いので、よりたくさんの標本をとらないと音が再現できません。

人間の耳が20kHzまでの音を聞き取れるのだとしたら、それを十分に再現できる水準で標本取得するためには40kHzの標本取得回数（サンプリングレート）が必要です。ＣＤのサンプリングレートが44・１kHzに定められているのは、人間の耳が聞き取れる高音の限界にあわせているからです。

最近ではハイレゾといって、もっと標本取得回数を多くした96kHzや１９２kHzのオーディオに人気があります。私は耳が肥えていないので実際のところはわかりませんが、理屈の上ではどれだけ標本取得回数を多くしても（サンプリングレートを高くしても）、人間の耳では聞き取れていないことになります。

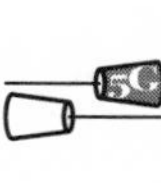

電話で音楽を楽しむのは難しかった

品質とデータ量のバランスをどうするかは悩ましい問題ですが、固定電話のサンプリングレートは低いものでした。今ほど大容量なデータを送受信できる伝送技術がありませんでしたし、電話でやり取りされるのは会話が主ですから、音楽のように高品質にこだわる必要がありません。結果として、サンプリングレートは8kHzに設定されていました。携帯電話のデジタル化がスタートしたときも、ここを基準に開発が進められました。

おおむね、AMラジオが16kHz、FMラジオが32kHz、テレビ放送が48kHzですから、電話の通話品質がさほどではないことがわかります。電話で音楽を聴かせたりすると、かなり劣化した音になるのは仕方がないことです。人の会話が聞き取れればいいと、割り切って設計されています。

標本化から量子化へ

さて、標本の取得点を決めたらそれで終わりではありません。先に述べた、量子化の作業が残っています。

このデータの場合、A、B、C、Dの4点でデータを取得しています（図2－8）。音のデータですから、高さでどんな音なのかを表します。

わかりやすいように、1、2、3といった数値ではなく、ドレミファの音階を使って試してみ

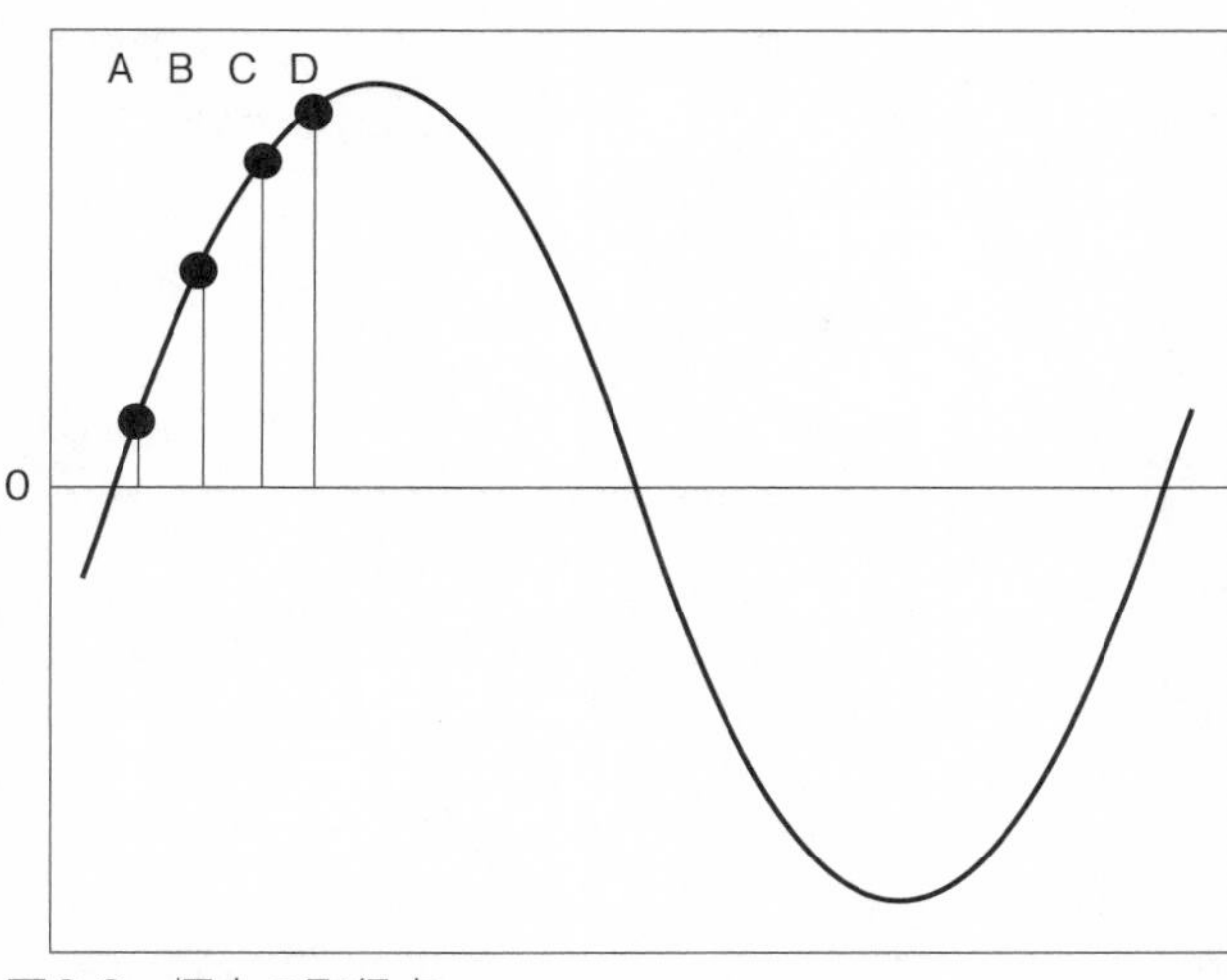

図2-8　標本の取得点

ましょう。

すごく細かく音程を区分けして取得することができれば、個々のデータの違いがはっきりします。

図２－９ではドの音からシの音までを７段階のきめ細かさで分割していて、A点で採取した音はド、B点はファ、C点ではラ、D点ではシと知ることができます。

ところが、音程のきめ細かさが粗くなると、うまく音を採取できなくなります。

図２－10ではきめ細かさは４段階になりました。すると、A点はド、D点はシで、採取できる音程に乗っていますが、B点やC点をぴったり表す音がありません。そこで、なるべく近い音程で代用することになります。B

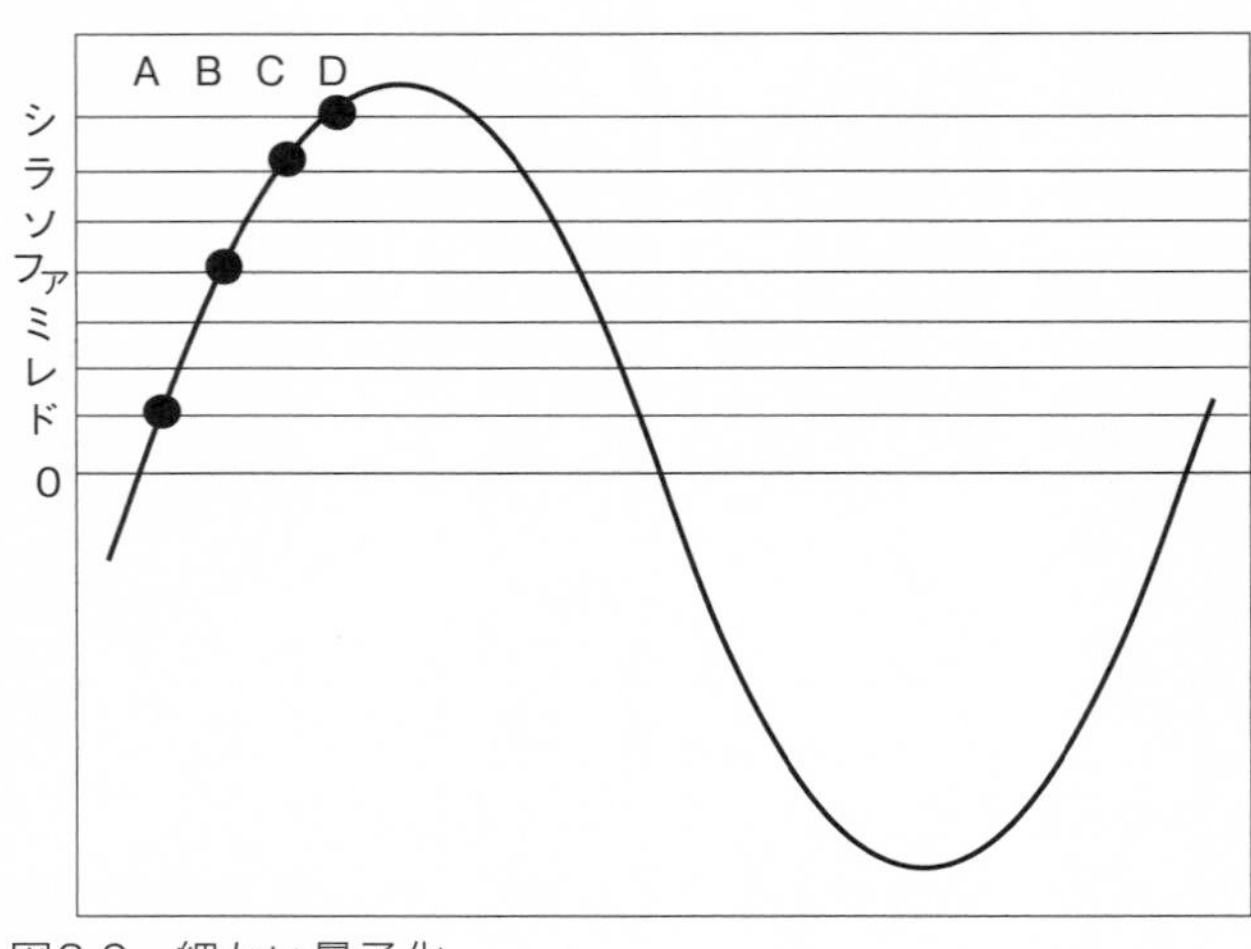

図2-9　細かい量子化

点だったらソ、C点はシでしょうか。

7段階の音程で採取した音声データがドファラシとなるのに対して、4段階の粗い音程で採取したデータはドソシシになってしまいます。だいぶもとの音と変わってしまいました。

この工程を量子化と呼び、どのくらいのきめ細かさでデータを取得するかの度合いのことを**量子化ビット数**といいます。

4段階にわけるよりも、7段階にわけたほうが、よりもとのデータを忠実に再現できるわけです。

適切な「切りどころ」を探す

量子化ビット数という呼び方にも表れている通り、この段階はビット単位で表現します。1

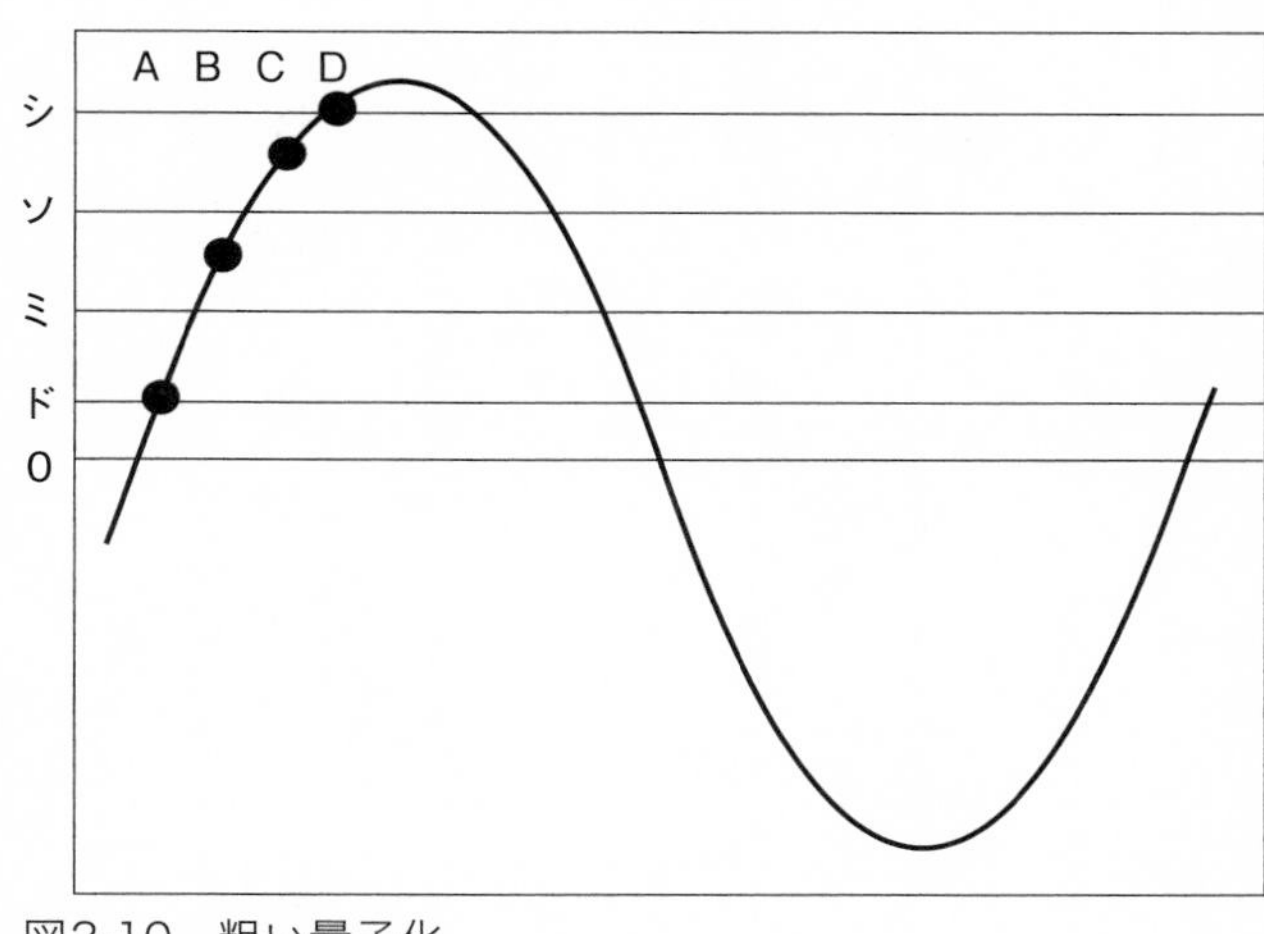

図2-10　粗い量子化

ビットであれば**2進数**1桁で表せる段階、2ビットであれば2進数2桁で表せる段階でもとのデータを区切ります。

2進数1桁というのは、

0
1

この2つの数しか作れないものです、だから、1ビットで量子化するとは、もとのデータを2段階で区切ることです。先ほどの例だとドとソに強引に振り分けてしまう感じになります。

2進数2桁であれば、

00
01
10
11

このように4つの数を作れますので、2ビット量子化とはもとのデータを4段階で区切ることです。それならば、先ほどの例はド、ミ、ソ、シの4つの音に振り分けることができます。量子化も、もとのデータの再現性を考えるならば、標本化で採取した標本データをたくさんの段階にわけて数値化したほうがよいことになります。

そして、そこにジレンマがあることも、標本化と同じです。ある標本を数値に変換するとき、10段階よりも10万段階にしたほうが、オリジナルのデータをきちんと再現できます。しかし、10万段階にするとデータの桁数がどんどん伸びてしまいます。

標本化同様に、切りどころがあるということです。CDの場合、量子化ビット数は16ビットです。16ビットあれば65536段階に区切ることができます。そのくらいに分解できれば、音楽を聴く用途でも十分という判断です。

ハイレゾ音源だと量子化ビット数を24ビットにしているものもあります。24ビットだと同じ幅の音を16777216段階に区切ることになります。すごくいいものなんでしょうけれど、自分が16ビットで量子化された音と24ビットのそれとを聞き分けられる自信はありません。

電話は、音楽用途であるCDほど音質を要求されませんから、固定電話の量子化ビット数は8ビット（256段階）です。

最低限必要な「ビットレート」とは

これがわかると、電話の音声通信で１秒間に送られるデータの総量もわかります。この、１秒間に送ることができる／送らねばならないデータ量のことを**ビットレート**といって、単位にはbps（bits per second）を使います。

ビットレートは通信システムにとってとても重要な数値です。たとえば会話を再現するために１００bpsが必要なら、会話用の通信システムは最低でも１００bpsの通信速度を達成しなければなりません。

固定電話のサンプリングレートは８kHz、量子化ビット数は８ビットですから、標本取得１回あたり８ビットのデータが１秒間に８０００回生成されることになります。

８ビット×８０００＝６４０００ビット＝64ｋビットで、１秒間に64ｋビットのデータを送信するわけです。したがって、固定電話網が最低限備えなければならない通信速度は64kbpsです。

いま、光ファイバを使えば、10Gbps（＝10000000000bps）の速度を達成できますから、64kbps（64000bps）と比べると15万倍以上の速さになっていることがわかります。

携帯電話の場合は、いろいろな通信方式が使われているので一概には言えませんが、第二世代携帯電話の代表格であるGSM方式だとサンプリングレートは8kHz、量子化ビット数は13ビットでした。

この数値だけ見ると、固定電話よりも音声品質が高そうですが、もちろん初期の携帯電話の音質はそんなにいいものではありませんでした。なぜなら、ここで得られた音声データをさらに加工して（符号化）、小さく圧縮した上で送信していたからです。実際にデータを送る速度（ビットレート）に換算すると13kbpsほどになります。

近年では、もとのデータが激しく上下するような曲線を描く場合には低い圧縮率で、ほとんど発話がなく（つまり無音で）曲線に変動が見られないときは高い圧縮率で、送信するデータを作る技術が発達しています。音楽を聴くときなどに目にする、「**可変ビットレート**」はこのことを表しています。

ぎゅっと圧縮すればデータは小さくなりますが、そのぶん音質は低下します。でも、もとのデータがほとんど直線に近いような形をしていたら、低い圧縮率で高音質に対応しなくても、高い圧縮率から悠々ともとの波形を再現できるので、品質を維持しつつデータ量を節約することができます。

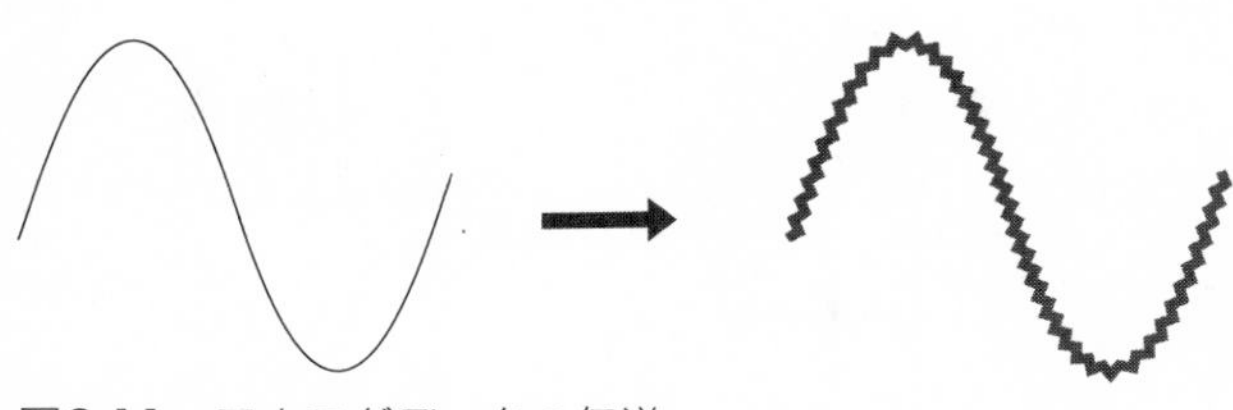

図2-11　アナログデータの伝送

ド　ファ　ラ　シ　→　**ド　ファ　ラ　シ**

図2-12　デジタルデータの伝送

量子化のおかげでノイズを克服

しかし、なぜここまでしてデジタル化しなければならないのでしょうか?

先ほど述べたように、アナログデータをそのまま伝送すると、ノイズが混じって、受信者が再現したときに品質の低下が生じます（図２－11）。

これに対して、デジタルデータはもとのカーブから標本を抜き出して、量子化しています。先ほどのデータを使うならば、ドファラシというデータを得ました。

実際には、ドファラシと送るのは効率が悪いので、別の記号に置き換える「**符号化**」をしてから送りますが、ここでは仮にドファラシをそのまま送ったとして、このデータにだってノイズは混じります。しかし、多少にじんだり欠けたりしても、読むことは可能です。受信側は、送信側が送ったとおりにドファラシと認識できるのです。これがデジタルデータの利点です（図2－12）。

第一世代から第二世代への主要な変更点として、アナログからデジタルへの転換があったことは、ぜひ反芻（はんすう）しておいてください。これによって、将来へ向けての技術的な伸びしろが大きくなりましたし、この時期に急速に勃興しつつあったWebブラウジングやメール送受信といった通信との親和性も高くなりました。

コラム3 「すりーじー」の謎

だいぶ長く生きました。携帯電話などは、現れるところから5Gまでの軌跡をリアルタイムで見てきました。あっ、もうそんな歳なんだ、もうちょっとインターネットの行く末も確かめたかったたし、ゲームもやり込みたかった、という気分です。

いま5Gという表示を見せられれば、ふつうに「ふぁいぶ・じー」と読むと思うんです。たぶんこの発音です。古典的携帯電話のことを「ケータイ」と書いて、決して「ケイタイ」とは書かなかったように、「ごじー」や「ふぃふ・じぇね」とは読まないと思うのです。

でも、記憶を呼び覚ますと、「1G」や「2G」とは言っていなかった気がします。読み方もわかりません。1Gはスタートラインですから、そもそも世代なんて意識していませんでした。

2Gも「PDC方式が日本独自の方式だ！」とか、「cdmaOneとかいうすごいのが出るらしい」とか盛り上がりましたが、2Gとか第二世代という言葉はあまり耳にしませんでした。端末屋さんの売り文句としても、前面に出ていたのはiモードやムーバです。これらはサービスの名前であって、通信方式のことではありません。

このとき、次世代移動通信の規格策定作業はすでに始まっていて、そこで次世代を第三世代、それまでのアナログ携帯を第一世代、デジタル携帯を第二世代と整理したので、用語としての「第二世代移動通信」と訳語の「2G」はあったのですが、ほとんど巷間(こうかん)に膾炙(かいしゃ)していませんでした。言ったとして、「第二世代」であって「2G」ではなかったはずです。

3Gになってくると、ぽちぽち一般的なビジネスシーンでも3G（すりーじー）の言葉を聞くようになってきました。3GPPという力のある国際標準化プロジェクトが立ち上がりましたから、当然と言えば当然かもしれません。

ただ、このときも最も目立ったマーケティング用語は、たとえばNTTドコモであれば「フォーマ」でした。フォーマは3Gと密接に結びついてはいますが、ムーバなどと同じくサービスの名称です。

個人的には、2008年のiPhone 3Gの発売がとてもインパクトがあったと思います。iPhoneの人気は今も衰えませんが、夜を徹して行列を作り、発売初日を待つ人がたくさん出るほどのお祭り騒ぎになりました。このとき、「すりーじー」にはじめて触れ、「それはなんだ？」と調べた人も多かったと思います。意外とここで、3Gが定着したのかもしれません。

なお、iPhone 3GはiPhoneとしては初代に続く2つめの製品で、「iPhoneとしての第三世代」の意味ではありません。

第2章のツボ

「連続」より「離散」

アナログ時計の高いやつは本当になめらかに動く。持ってないけど、見ているだけでうっとりするくらいだ。時間が連続したものであることがよくわかる。

デジタル時計は1秒と2秒の間は、なかったことにされている。時間が離散的に扱われているのだ。

これは優劣ではなくてそれぞれの特性だが、通信に使うにはデジタルのほうが扱いやすくて、安く、速く、たくさん送れる。

第 3 章

3G――国際標準規格が採用されたけど

「データ爆発」は今に始まったことではない

この章では、第二世代移動通信から第三世代移動通信への進化を説明していきます。

第三世代移動通信が登場したあたりから、ぽつぽつ３Ｇという言葉が使われるようになりました。第三世代＝3rd Generation → ３Ｇですから、略式表記としては自然です。

しかし、それまで１Ｇや２Ｇとは言っていなかったので、少なくとも日本においてはマーケティング的な意味合いが強い言い方でした。

他の世代に対する３Ｇの特徴として、高速化、大容量化がよくあげられます。しかし、高速化と大容量化は移動体通信のどの世代でも起こっていますから、３Ｇ固有の特徴とするには根拠が弱いと思います。ＣＰＵでもメモリでもストレージでも、速度と容量の向上は（今までのところは）常に起こるものなのです。

通信やストレージの分野では、取り扱うデータ量が急激に大きくなる「**データ爆発**」が起こると喧伝されていますが、技術が進歩して高速化、大容量化が進むと今まで使っていなかった用途や贅沢だと考えられていた形での利用が進み、結果として伸びしろの分は使い尽くされ「データが爆発」します。

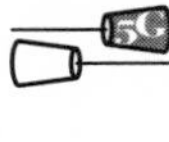

つまり、データ爆発はここ何十年か、ずっと起こり続けている現象です。

携帯通信勃興期では「規格」は後回し

では、3Gの真の特徴は何でしょうか？　私は**国際標準化**が進んだことが最も大きなポイントだと考えています。

何かのサービスが立ち上がるときに、地域やメーカーごとに異なる技術として発展することは珍しくありません。技術が異なれば、そこから作られる製品も差別化しやすく、メーカーは利用者を獲得し、囲い続けることができます。

一度製品を購入させてしまえば、機能や使い方が異なる製品に乗り換えることは比較的ハードルが高く、「異なる」という性質自体が利用者をつなぎ止める効果を発揮するからです。

もちろん、それは利用者にとって気軽にメーカーを変えられなかったり、別の地域に持っていっても使えなかったりするデメリットとしても立ち現れてくるのですが、製品の勃興期や普及期に誰もそんなことは気にしません。

みんな自分の製品を売り、サービスを維持することで手一杯です。わざわざ手間暇をかけてどんな製品を作るのかしっかりルール化し、違うメーカーの製品同士でもきちんと相互運用できるようにしようなどと考える余裕はありません。

　そもそも製品として成熟するのか、1つの工業分野として確立されていくのかがまだ不分明な段階ですから、そうした標準化よりも先にやるべきことが山ほどあるのです。

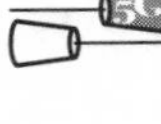

スタンダード・テクノロジーとしての「3G」

　こうした乱立は、世代でいうと第一世代〜第二世代移動通信が該当します。それでも、各メーカーの各モデルごとに使い方や使えるアプリケーションが異なるような、パソコン黎明期のようなことにはなりませんでした。
　パソコンは1台こっきりでも使えますが（80年代のパソコンはネットワークにつないだりしませんでした。みんなスタンドアロンです）、電話というのは相手が必要なので、仕様や規格の標準化からは逃れられない運命になっています。
　電話でメーカーごとに独自の通信方式を採用していたら、たとえば同じＮＴＴドコモと契約していても、ソニー製のスマホとシャープ製のスマホで通話ができないといったトラブルが発生します。
　当然、通信事業者も利用者もそんなことは許しませんので、少なくとも地域や通信事業者の単位では使われる技術や規格が統一されることになります。

第二世代移動通信では、日本が開発したＰＤＣ、アメリカのD-AMPSとcdmaOne、最も広く普及したＧＳＭが主たる技術規格でした。国内でいくつもの規格が乱立していたわけではありませんが、たとえば日本の携帯電話（ＰＤＣを採用）を持って海外に出かけたとき、訪問国の移動通信システムがＧＳＭだからローミングできないといった使いにくさがありました。

３Ｇではこの点の改善が試みられました。携帯電話は携帯してこそ意味があります。別の国や地域でもふだん通りに使うことを指向するのは、自然なことです。そして、これまでの長い歴史の積み重ねで、解決法ははっきりしています。世界中で同じルールに従うよう国際標準規格を作り、その規格にしたがって、製品を作り、サービスを提供すればよいのです。

みんなで話し合って統一ルールを決めると言えば聞こえはいいし、和やかなイメージがありますが、実態はそんなものではありません。自分の国に都合がいいようなルールにすることができれば、あまり投資しなくても国内のインフラを充実させられるかもしれませんし、自国の製品が世界市場でイニシアティブを取れる可能性もありますから、みんな必死でルール策定に関わろうとします。

世界的に統一された標準規格を作るとき、**標準化団体**が大きな役割を果たします。力のある標準化団体が規格を制定すれば、多くの国がそれに従います。

3Gを決めたのは「ITU」

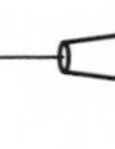

統一ルールの形成にはもう一つ、どこかの会社が作った技術が市場を席巻し、誰が定めたわけでもないのに事実上の世界標準になってしまう**デファクトスタンダード**があります。

たとえば、ほとんどのキーボードで使われているQWERTY配列は、19世紀のタイプライターの時代に確立されたもので、個人の発想がベースになっています。みんなで話し合って決めたようなものではありません。でも、今では世界中の人が使っています。これがデファクトスタンダードです。

標準規格なら良いもので、デファクトスタンダードはダメ、というわけではありません。優れたものだからこそ、競争を勝ち抜いてデファクトスタンダードに育つものもたくさんあります。しかし、事前に莫大なインフラ投資をしなければならず、他の通信事業者との協調が必要な移動通信システムでは、自然発生的なデファクトスタンダードは起こりにくいと言えます。

標準化団体で有名なのは、**国際標準化機構**（ISO：International Organization for Standardization）でしょう。CDへの記録の仕方から、写真の感度（ISO100やISO400といった言葉を聞いたことがあると思います。数値が大きいほど感度が高く、暗いところでも撮影できることを表

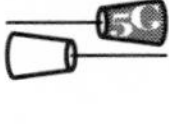

していますまで、きわめて多様なことごとを決めています。

あるものごとについて、どの標準化団体が規格を作るのか、あるいは複数の標準化団体が規格を策定するようであれば、どの標準化団体のものを国際標準化するのかは多くの人の関心事で、各国、各組織、各メーカーの思惑が入り乱れ、陰に日向に綱引きが演じられます。

3Gの標準規格策定でイニシアティブを取ったのはITU（国際電気通信連合：International Telecommunication Union）でした。ITUはジュネーブに本部を置く国連の専門機関で、その前身の1つである万国電信連合から数えれば150年以上の歴史を持つ影響力の大きな団体です。国連が設立される前からあって、さまざまな規格を策定してきました。

私たちの生活に根付いているところでは、YouTubeなどで使われている動画の圧縮規格H.265（HEVC）や、音声の圧縮規格で過去によくIP電話で使われていたG.729などが、名前は知らずともふだんの生活のなかで触れている技術です。

すっきり統一されなかった理由

3Gは、「こういうものを作ろう」という明確なビジョンをITUが持ち、勧告（ITUは国際規格を定めて交付するとき、勧告の形をとります。法的な拘束力はありません）しました。

どの技術でも、国や地域、組織ごとにばらばらでは使いにくいことには変わりがないので、ほうっておいても自然と独占や寡占の状態へ収斂していく傾向がありますが、最初に世界を俯瞰した構想が描かれたことで、3Gは移動通信システムの歴史の転換点になったといえます。

この勧告が、IMT－2000（International Mobile Telecommunication 2000）です。3Gの検討が始まったのは1980年代ですが、2000年の規格策定を目指すこと、伝送速度として2000kbpsを目指すこと、無線周波数として2000MHz近辺を使うことから名付けられたと言われています。

世界で展開された3Gシステムは、このIMT－2000にしたがって構築されています。しかし、構想通りのすっきりした統一システムにはなりませんでした。IMT－2000として全体がまとめられていることは間違いないのですが、その下位で枝分かれが生じていて、実際には5つの通信方式に分かたれているからです。

どうして、そんなことになってしまったのでしょう？　2つの理由があげられます。

1つには、革新的な技術を導入したいからです。

たとえば、Windowsを例にとって考えてみましょう。Windowsにはいろいろなバージョンがありますが、過去にWindows 7というOSがありました。安定して使いやすいOSで、細かなバージョンアップが繰り返され、より良い製品として維持されてきました。

いっぽうで、メーカーであるマイクロソフトは新製品であるWindows 8やWindows 10を次々市場に投入しました。新しいものを導入するのは手間がかかりますし、Windows 7で使えていたアプリがWindows 10では使えなくなるような不都合も起こるのに、どうしてわざわざ新しいものを提供するのでしょう?

技術はどんどん新しい、良いものが登場するので、Windows 7の枠組みを逸脱しない範囲での更新、改良には限界があるからです。一度まっさらな状態から作り直したほうが、新規技術に適合した革新的な製品を提供できます。ガラガラポンで一から作り直すメリットです。3Gについても、同じことが言えます。

こうして5つの規格が乱立した

2つめの理由は、1つめと表裏一体です。

Windowsの例で説明したように、新しい、革新的なものを提供すると、過去資産(レガシー)が使えなくなることがあります。Windows 7上で動作する膨大なアプリはWindowsの貴重な資産ですが、Windows 10でこれらが動かなくなるかもしれません。アプリを提供したり利用したりしていた企業にとっては大損害です。

それを嫌って、サポートが切れたWindows 7や、場合によってはWindows XPなどをまだ使っている企業があるわけです。新機軸の導入は常に過去資産が使えなくなるリスクと隣り合わせです。

移動通信システムにもまったく同じことが起こります。莫大な投資をして培った第二世代移動通信の設備やソフトウェアは、できるだけ３Ｇでも活用したいのです。

その観点からすると、３Ｇをあまり革新的でない技術にしたいと考える組織や人も現れます。大幅な変更を加えなくても３Ｇ通信を提供できる可能性があるからです。

こうした思惑が複雑に絡み合って、ＩＭＴ－２０００が定める通信規格は5つになりました（地上でしくみが完結する場合。衛星通信を利用する場合は、また別の規格がある）。IMT-DS（Direct Spread）、IMT-MC（Multi Carrier）、IMT-TC（Time Code）、IMT-FT（Frequency Time）、IMT-SC（Single Carrier）です。

日本ではＮＴＴドコモとソフトバンクがIMT-DSを、ａｕがIMT-MCを採用しました。一般利用者にはわかりにくいので、マーケティングでは前者はW-CDMA、後者はCDMA2000と表記することがあります。

結果的に分裂してしまったのかと思われるかもしれませんが、全体をＩＴＵが俯瞰してコントロールしていることはとても重要で、さらに次の世代で1つへ集約することや、たとえ5つに分かれていても相互の運用性（他の規格を採用している地域へ旅行したときのローミングなど）を考えていくときに、メリットがあります。

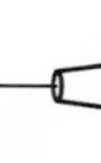

電波は希少だ

３Gの技術はどんなところが新しいのでしょうか？　ＮＴＴドコモが採用したIMT-DS（W-CDMA）を中心に見ていきましょう。

多元接続の方法が洗練されたのが一番重要なポイントでしょう。複数のスマホが同じ帯域の電波をいかに共有して効率よく使うかの手法です。

これを説明するには電波の希少性を先に知っておく必要があるでしょう。同じ周波数の電波がぶつかると、互いに干渉して波が乱れてしまいます。池に石を放り込むと波が生まれます。２つの石を同時に放り込むとそれぞれの波が生まれ、波同士がぶつかったところで形が乱れるのと同じです。

無線通信は電波の形によってデータを表現しますから、波形が乱れることは通信内容が乱れることを意味します。意図したふうに届かないか、補正できるにしてもその処理に時間がかかって通信速度が遅くなってしまいます。干渉は避けなければならない事態です。

そのためには通信によって異なる周波数を割り当てるのが、効果的な対策です。どの周波数を使ってよいかは国が厳格に管理し、免許のない者は勝手に電波を使うことができません。この周波数はテレビ、この周波数はラジオ、こっちはこの移動体通信事業者（キャリア：ＮＴＴドコモやａｕ、ソフトバンク、楽天モバイルなど）と決められています。移動通信事業の参入障壁が高いのはこのためです。電波が無限にあればいいのですが、使える周波数には限りがあります。電波は石油よりも貴重な有限の資源です。

現在では有用な周波数はほとんど使い尽くされていて、テレビ局の停波などがないと新しい割り当てがないのが実情です。

空き周波数ができると、総務省の認可によってそれが別の事業者に割り当てられます。このとき、自社に電波を割り当ててもらおうと過酷な競争が起こるのは報道などでご覧になったことがあると思います。また諸外国では空き周波数を競（せ）りにかける電波オークションが行われています。いずれにしろ、電波を手に入れるためには、多大な努力が必要です。

駅に無料Wi-Fiがある理由

そう考えると、私たちのふだんの生活に溶け込んでいる電波がなぜ使えるのか疑問が生じるか

もしれません。電子レンジやコードレス電話、Wi-Fiなどです。私たちは電子レンジを買ったり、Wi-Fiの親機を稼働させるときにいちいち認可を受けたり、オークションで電波を買ったりしません。

これらは**ISM**（Industrial, Scientific and Medical）バンドといって、産業、科学、医療のためにあらかじめ確保されている周波数帯を使っています。ISMバンドはさまざまな周波数帯が割り当てられていますが、帯域によってある程度用途が定まっており、地域によっては使えない帯域もあります。また、他の機器と混信するのが前提になるので、製品を作るときにはそれを踏まえた設計をしなければなりません。

移動体通信事業者が無料のWi-Fiを提供していることを不思議に思ったことはないでしょうか。携帯の電波を使ってくれれば通信料を取ることができるのに、なぜ空港や駅でわざわざ無料の通信手段を用意するのでしょう？

人の集中するところでスマホの利用が頻発すると、割り当てられた周波数帯を使い果たして通話できない状態に陥るのが怖いのです。このため、別の通信経路に通話や通信を逃がす**データオフロード**が行われます。Wi-Fiは主要なオフロード先です。

Wi-Fiの電波だって有限ですが、Wi-Fiで許されている電波出力は日本国内では２００mWに制限されています。よく言われるように、部屋の壁で遮断（しゃだん）されるような環境では１００mほど飛べばいいほうでしょうし、見通しのいい場所でも200mちょっとが有効半径だと思います。

言葉をかえれば、それだけの距離をあければ別の**アクセスポイント**（移動通信システムの無線基地局に相当する）を立てることができるので、1つのアクセスポイントが管理する利用者を少なくすることができる＝通信が混まない状態を維持できます。


では、移動通信システムそのものをWi-Fi化してしまえばいいかというと、それはそれでデメリットがあります。電波があまり遠くまで飛ばせないのであれば、非常にたくさんのアクセスポイントを設置しなければなりません。これをきちんと運用・保守していくのは大変です。

また、スマホを使っている利用者が移動することによって、あるアクセスポイントから別のアクセスポイントへと移動するローミングが頻繁に発生し、ネットワークに負荷がかかります。

Wi-Fiは人が密集していて、あまり動かない場所でこそ威力を発揮します。サービス網が全国を覆わねばならず、車や電車を使って移動している利用者もたくさんいる環境では移動通信システムのほうがずっと効率的です。

3段階の「多元接続」

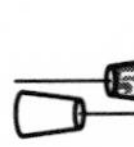

このように電波を使った無線通信は、宝石のように貴重な限られた周波数帯を使ってサービス

をしています。ですから、電波を極限まで効率的に利用する方向へ技術が進歩していくのは自然なことだといえます。

効率的利用の方向性は3つに分類することができます。周波数分割多元接続（FDMA：Frequency-Division Multiple Access）、時分割多元接続（TDMA：Time Division Multiple Access）、符号分割多元接続（CDMA：Code Division Multiple Access）です。

おおむねこの順番で進歩してきていて、FDMAは第一世代移動通信システムで、TDMAは第二世代移動通信システムで、CDMAは3Gで主に採用されました。

どういうものか、順番に説明していきましょう。どれも名前が内容をよく表しています。

周波数を細切れにする「FDMA」

FDMAは各端末に異なる周波数を割り当てることで、電波の干渉を防ぐ通信方式です。

通信事業者には一定の周波数帯が割り当てられます。それを細切れにして、その時通信を要求してくる一台一台の端末に割り振っていくやり方です。技術的なハードルが低く、製品化しやすい特徴がありますが、干渉を防ぐための工夫が必要です。

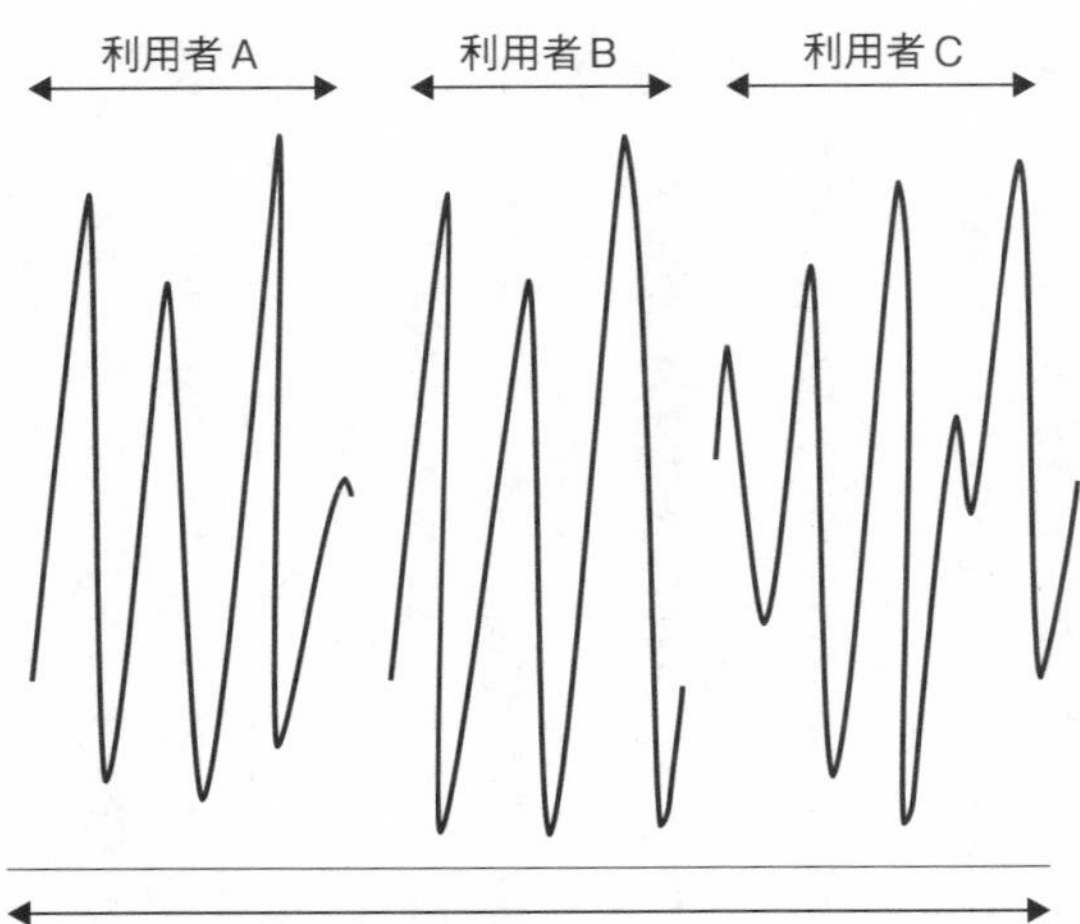

図3-1　FDMA

図３－１の例で言えば、利用者Aに割り当てた帯域と利用者Bの帯域が干渉しないように、AとBの周波数に隙間（すきま）をあけておきます。そのため、電波利用効率の観点では無駄があります。

時間を細切れにする「TDMA」

TDMAでは、周波数ではなく時間で各端末を区切ります。

FDMAのように周波数を分割したりはせず、ある一瞬においては目一杯の周波数を１台の端末に割り当ててしまいます。それだけだと、１つの基地局がカバーする範囲である周波数では１台のスマホしか通信ができなくなってしまいますから、一瞬ごとに端末A、

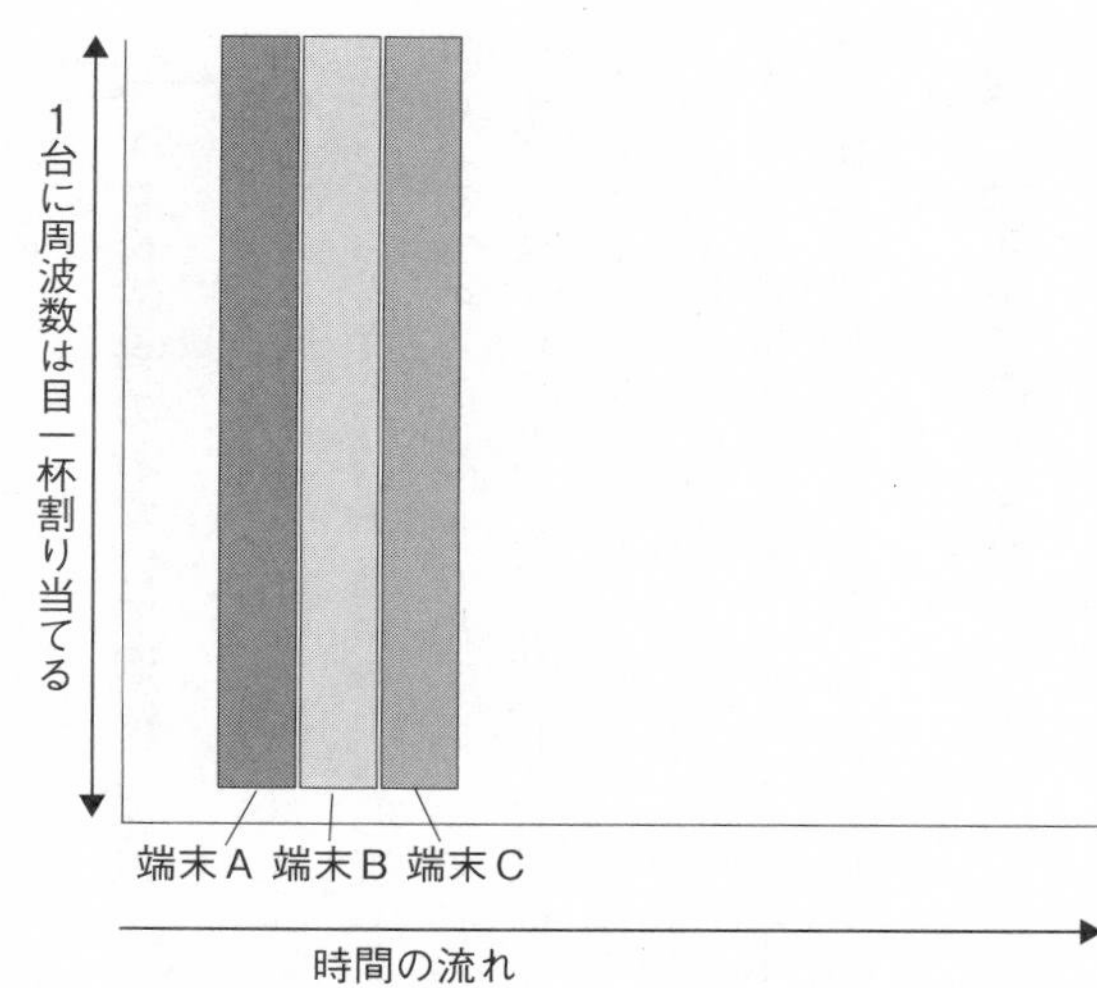

図3-2　TDMA

端末Ｂ、端末Ｃと通信する端末を切り替えていくのです（図３－２）。

ＦＤＭＡでは各利用者に利用権を割り振るために分割する資源は周波数でしたが、ＴＤＭＡではこれが時間になったわけです。ＦＤＭＡで用いられた周波数と同様に、端末Ａと端末Ｂの間に時間的な隙間（ガードインターバル）をあける必要がありますが、ＦＤＭＡよりは電波の利用効率が向上します。

ただし、ＦＤＭＡより高度な通信管理が必要です。たとえば通話時にはずっと音声データが発生し続けるわけですが、１台の端末には途切れ途切れにしか電波の割り当て時間が巡ってこないので、蓄積したデータを圧縮して一気に送受信する機能や、正確な時間同期機能を備えなければなりません。

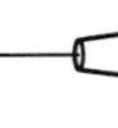

PN符号のおかげで混線しない「CDMA」

CDMAは同じ周波数帯に、複数の通信を送り出してしまう技術です。ですが、ふつうにこれをやってしまうと互いの通信が干渉してしまいます。

CDMAの工夫は、送り出すデータごとに異なる**PN符号**と呼ばれる信号をかけ合わせることです。これを行うと、広い周波数帯に拡散します。受信側ではこの拡散した電波を受信し、同じPN符号を使って逆変換することで、もとのデータを復元できます。

それだけでも、PN符号を知らないと通信の内容が取り出せないので、セキュリティ水準が高まるなどの効果があります。くわえて、端末ごとに異なるPN符号を使うことで、干渉せずに複数の通信を並行して行えます。これがCDMAの通信効率を大きく引き上げています。

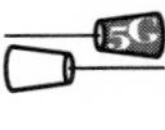

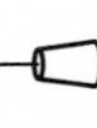

「圧縮」のしくみ

他にも3Gではさまざまな新規技術が投入されています。たとえば、音声データの**圧縮**です。

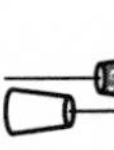

音声データをデジタル信号として送受信するようになった第二世代以降のシステムでは、データを圧縮して伝送効率を高める工夫ができるようになりました。

取得した音声データを標本化、量子化してデジタルデータにしたとき、こんなふうになったと思ってください。

00100000100011100000

これをそのまま送ってもいいのですが、電波は貴重です。もう少しデータを圧縮できないかと考えます。

20115011303150

これはどうでしょうか。20で0が2コ続くよ、11で1が1コだよ、50で0が5コ続くよ……の意味です。00000と書くよりも、50と書いたほうが、ずっとデータを短くできます。

受け取った側は、圧縮の理屈さえわかっていれば、復元して（展開、解凍などと表現します）もとのデータを取り出すことができます。このようにデータを圧縮すると、送信速度を速くできますし、送信データ量が少なくなるので電波使用量を節約することができます。

もちろん、圧縮にはいいことばかりではありません。送信する前に圧縮、受信した後に展開、というプロセスをとる必要がありますから、端末や交換局に負荷をかけます。先ほどの例で言えば、もとのデータが1だった場合には、圧縮すると11になって、圧縮したはずなのに逆にデータ量が増えてしまうようなケースもあります。

それでも、ほとんどはデータ量を劇的に減らすことができるので、圧縮は社会の各所で使われています。動画や写真、音楽を標本化、量子化したままに、何の工夫もなく保存するととても大きなデータになりますから、圧縮処理を施してmpegやjpeg、MP3といったデータ形式にします。これらはすべて圧縮を施したデータ形式です。

音楽の符号化で生まれた「着メロ」

音声でいえば、MP3などはもとのデータに対してかなりの圧縮率を誇りますが、移動通信は音楽シーン以上にデータ量にシビアなシステムですから、もっと劇的なデータ量の削減が求められました。それに応えるために登場した技術が「**分析合成符号化**」です。
極端なたとえ話をすると、音声データではなくて、しゃべった言葉を送ってしまったほうがず

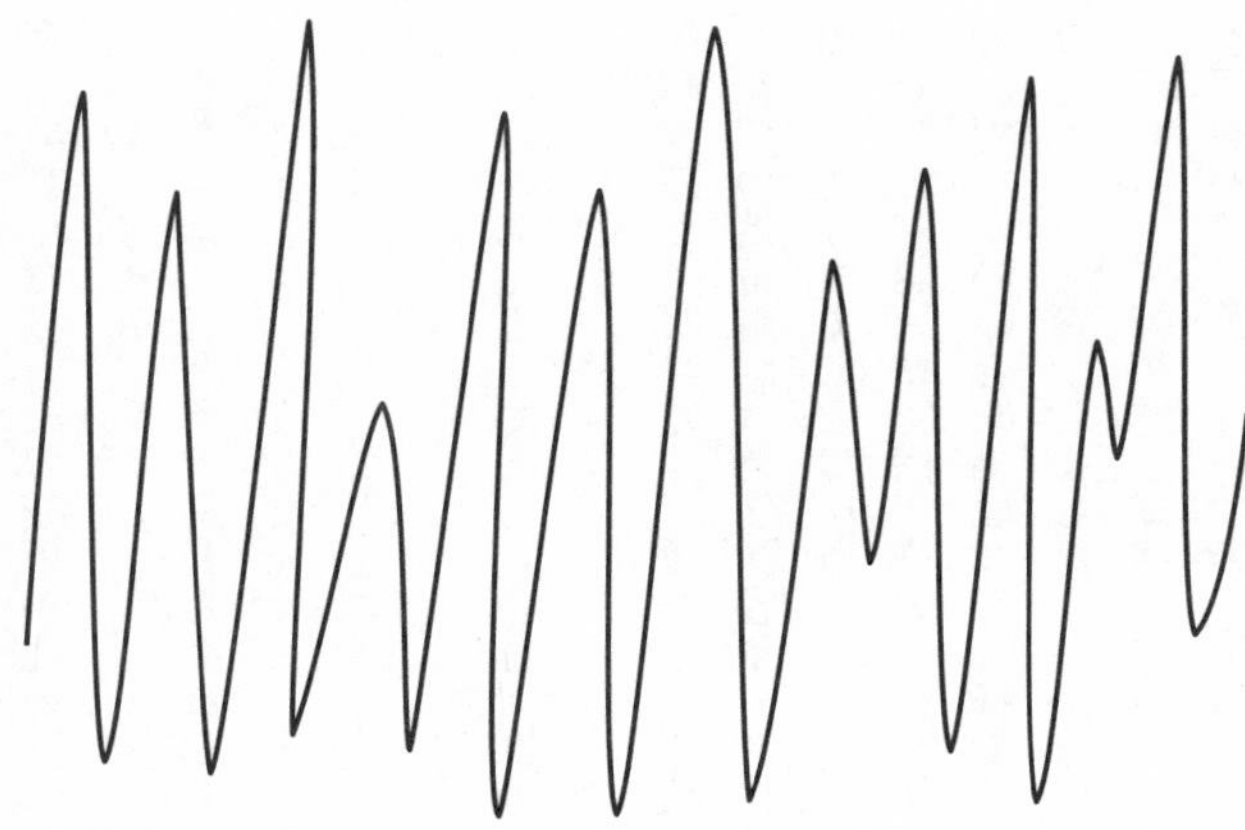

図3-3　「あ」の波形（うそ波形です）

っとデータ量を節約できますよね、という考え方です。送信者が「あ」と発音したとして、「あ」の波形（図3-3）を標本化して、量子化して……とやろうとするから、データ量が膨大になるのです。「あ」の発声に1秒かかると仮定すると（実際にはそんなにかかりませんが）、固定電話のビットレートは64kbpsでしたから、「あ」の発声を伝えるためには、64キロビット＝64000ビットのデータが必要になります。

でも、送信側のスマホで音声認識をして、「これは『あ』だな」と判定すれば「あ」の1文字を送信し、受信側のスマホで音声合成によって「あ」を発音させれば、送信するデータの量は「あ」1文字ぶん、すなわち2バイト＝16ビットですから、4000分の1にデータ量を圧縮することができます。

もちろん、これが考えられていた時期は、今ほど音声認識や音声合成の技術が洗練されていませんでしたから、積極的に電話で採用しようという人は現れませんでした。

現在では、たとえば初音ミクなどのボーカロイドは、音符と歌詞さえ与えればそれなりの歌声を出力するようになりましたし、もっと自然な発声をさせたければ人の手で細部のデータをいじる「調教」や、同じことをニューラルネットワークを使って自動処理することもできるようになりました。

技術の進化としてこちらの方向性もありだったのではないかなと思います。実際にこの方向に進化したのが、**着メロ**でした。着メロとは過去の携帯電話で使われていた、着信音をメロディで表現するサービスです。１９９０年代半ばに登場しました。

初期の携帯電話は、伝送容量も、自身の処理能力も高くなかったので、音楽を送受信したり、保存したりすることは困難でした。

そこで、着メロでは音符データを使って、送受信や保存をしていたのです。携帯電話内に保存されているのは音楽ではなく音符で、鳴らす必要が生じるとそれをもとに携帯電話が自らの機能を使って「演奏」しました。だから、同じデータでも機器ごとに音色や音質が異なったのです。

もちろん、携帯電話で演奏するよりは、すでにできあがった「音楽」を保存して鳴らしたほうが圧倒的に音質が良いので、携帯電話の高性能化とともにこの方式は使われなくなりました。

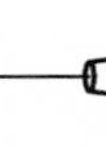

シンセサイザーでわかる「分析合成符号化」

しかし、電話であれば、やはり合成音声ではなく相手の肉声が聞きたいでしょう。そこで、人間の音声をシミュレーションする方法が研究されました。声のシミュレーションとはイメージがしにくいかと思いますが、これもシンセサイザーを想像するとわかりやすいかと思います。シンセサイザーの音の出し方にはいくつかの種類があります。たとえば、現実の楽器の音を収録して、それを加工して発音するＰＣＭシンセです。

いっぽう、あまり一般的ではありませんが、音を録音しておくのではなく、音が出る物理的なしくみを計算によって導いて、それをもとに発音させる物理モデルシンセもあります。これが分析合成符号化の理屈です。

人間の声の場合は、声帯が動いて音を発し、その音が声道を通ることで調整されます。そこで、さまざまなバリエーションの声帯や声道のデータ（たとえばどんな大きさで、どのくらい固いか、など）を取得しておきます。

実際に電話をかけるときには、発話者の音声を分析して、取得してあるデータのうち、この声帯や声道に似ていると突き止めます。

あとは、どのタイミングで声帯が震えたか、それはどのくらいの大きさだったか、声道はどんな形に変化して（発音するときは、のどや唇、舌の形を変化させますよね）いたかを伝えれば、受信側は物理モデルシンセと同じ要領で、音を再現することができます。

送信者の発話を模倣して音声の波形をつくるためのサンプルデータは数十億通りもありますので、かなり本物に近い音声を再現できます。

この方法でも、「あ」をそのまま送るのと比べれば、けっこうなサイズのデータを送信することになりますが、もとの音声の波形を標本化、量子化したデータを送信するよりはずっとデータを圧縮できます。そして、「あ」の例で示したような、合成音声を使うやり方よりは本人の肉声に近い声にすることが可能です。

ただし、こうした工夫をしてもなお、分析合成符号化では本人の声とは印象が違ってしまいます。そこで、現実の携帯電話では波形符号化（ＭＰ３のようなやつでした）と、分析合成符号化をかけあわせた**ハイブリッド符号化**を使います。ハイブリッド符号化の代表的な手法であるＶＳＥＬＰは第二世代移動通信でも使われていましたが、３Ｇではより発展したＡＭＲが採用されました。可変ビットレートに対応し、音質も伝送効率も改善されています。

このことが、通信速度の向上とともに、３Ｇの音声品質の向上に大きく寄与しています。

第３章のツボ

統一規格ができた！

通信をするためにとっても大事なのがプロトコル（規約、ルール）。３Gでは、それを世界で統一したものにしようとみんながんばった。

いろんなしがらみやあれやこれやがあって、そんなにすっきり１つにはならなかったけど、未来への道筋は示した。いま、世界のどこへ行ってもおおむね自分の携帯が（お金に糸目をつけなければ）使えるのは、このときのみんなの努力のおかげ。

第4章

4G——スマホの普及にシステムの進化が追いつかない

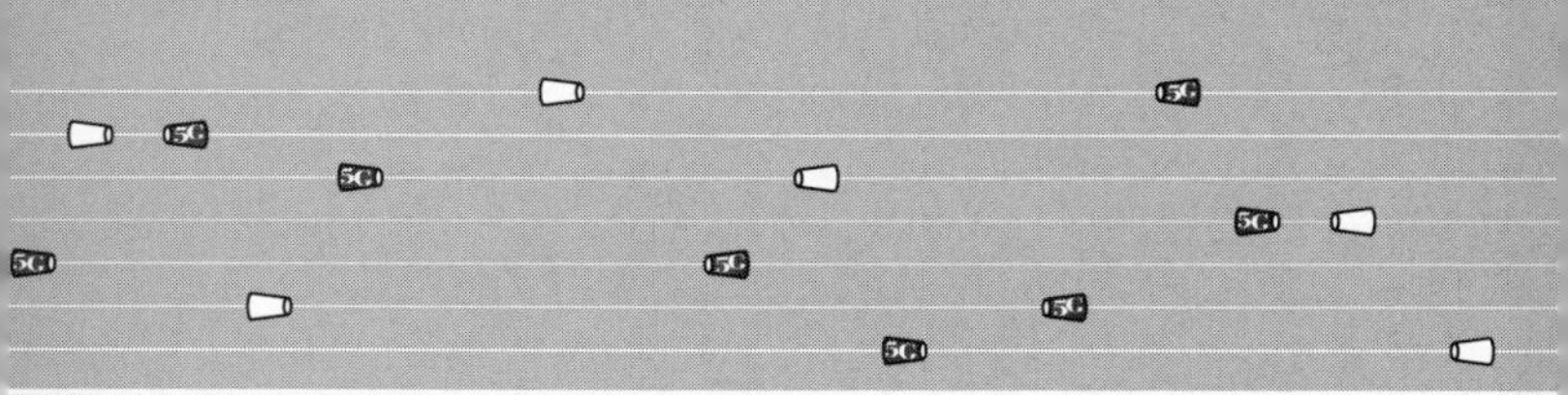

音声電話からデータ通信へ

３Ｇに続く４Ｇの特徴は、「なかなか始まらなかったところ」か、ひょっとすると「早く始まりすぎたところ」です。これは矛盾している文のように思われますが、４Ｇを巡る状況をよく表しています。

３Ｇから４Ｇへ移行する時期は、携帯電話がスマホへと移行する時期でもありました。

３Ｇの商用サービスはＮＴＴドコモが２００１年に口火を切り、厳密な意味での４Ｇはａｕが２０１４年にスタートさせています。この十数年の間に携帯電話でも、音声通話からデータ通信へ、その主たる利用方法の変化が起こりました。

３Ｇまでは音声通話用の回線交換網と、データ通信用のパケット交換網が用意されていましたが、４Ｇではパケット交換網に統合されました。音声通話もパケット交換網を使って行われています（ＶｏＬＴＥ）。

メールに大きくて精密な写真が添付されることは日常になり、動画や音楽のダウンロードも頻繁に行われるようになりました。iPhone が２００７年に登場し、スマートフォンが市場を席巻するようになると、この傾向は顕著になりました。

できることをリストアップしていくと、携帯電話とスマホに劇的な変化はありません。しかし、実態においては両者の間にはかなりの隔たりがあります。

電話を起点として、通信事業者の影響力が大きい携帯電話は、無駄な通信をしないこと、データ量を抑えることなどが、「文化」となっていました。それは携帯電話用のサイトやサービス、アプリケーションを提供する側にも、利用者側にも染みついていました。

いっぽうのスマートフォンは、出発点がパソコンであるため、そうしたことには無頓着でした。スマートフォンのメーカーやアプリケーションのベンダー、Googleなどのプラットフォーム事業者の影響力が強く、通信事業者はそれに従う存在になってしまったのです。

通信資源をどれだけ使おうが、ストレージを逼迫させようが、利用者体験が良いほうがいい。潤沢で豪華なアプリケーションやサービスを提供していれば、インフラは後からついてくるという発想です。

通信に「ギガ」が登場した！

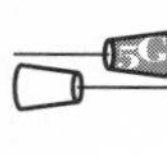

iPhoneが象徴的かつ鮮烈なデビューを遂げ、スマートフォン市場が急拡大すると、それに対応するインフラ、特に通信インフラへの期待と要求はすぐに高まりました。スマートフォンの需

要に応えるためには、3Gでもまだ高速性、大容量性が足りなかったのです。

3Gでだめなら、その要求を満たすのは4Gであるはずです。何を4Gと呼び、そのためにどんな技術が必要かは、ITUが長い話し合いの末に2010年にIMT-Advancedとして取りまとめました。主たる要件は通信速度、すなわちビットレートが1Gbpsであることです。

ビットレート1Gbpsはとんでもない数値です。有線通信より無線通信のほうが技術的なハードルが高いのは公理のようなものですが、これは有線通信、その中でも高速度で知られる光ファイバの屋内引き込みに匹敵する速度です。

1Gバイトと言えば2020年の感覚でも結構な大きさのデータですが、それを10秒未満で送ろうというのですから。

改めて覚えておこう「バイト」「ビット」の違い

ここで少しだけ解説しておきましょう。私たちはふだん、1Gの通信速度、1Gの記憶容量などと表現することに慣れています。しかし、この「ギガ」は接頭辞（SI接頭辞）で10億を表しているだけですから、単位を省略していることになります。

省略されている単位は通信速度ではビット、記憶容量ではバイトで、両者には大きな違いがあります。現在ではほとんどの場合、8ビット＝1バイトなので、「1Gのファイルなら、1Gの通信回線を使えば1秒で送信できる」は間違いになります。ファイルは1Gバイト＝8Gビット、通信回線は1Gビット／毎秒ですから、8秒かかります。

単位を統一すればよかったのでしょうが、バイトが登場したのには意味があります。1バイトは英数字1文字ぶんの情報を表します。1000ビットといわれても、どれだけの情報量なのか直感的に把握しにくいですが、1000バイトであれば1000字相当かと理解できます。英数字1文字ぶんの情報だけなら7ビットで表すこともできるので、以前はバイトは不安定な単位でした。1バイト＝7ビットで数えるケースがあったからです。そのため、確実に8ビットを表す1オクテットという単位も作られたほどです。

今ではほとんどの場合、1バイト＝8ビットで換算します。ひらがなや漢字は1文字16ビットで表現することが多いですし、世界中の文字や記号を統一的に扱うUnicodeは1文字に32ビット使うこともあります。しかし、これを1バイトとは言いません。それぞれ2バイトと4バイトです。

机上では見事な規格統一が達成されたが……

もちろんこれは理論値で、実際には通信が混んでいたり、無線の場合は電波状況が悪かったりすると、そうはいきません。特に移動通信システムでは端末が止まっているのか、歩いているのか、車や電車で移動しているのかで、大きな違いが生じます（IMT-Advanced の場合、高速移動時は1Gbps→１００Mbpsまで10分の1に落ちる）。

しかし、たとえ実効伝送速度がカタログ値である1Gbps（低速移動時）の10分の1であっても、屋外で広く使える無線通信で１００Mbpsが出るのですから、すごい速度であることは間違いありません。ブルーレイディスク級の高品質な動画をリアルタイムで視聴することすら可能です。

この速度を達成するための、IMT-Advanced の要素技術と考えられたのが、ＭＩＭＯやOFDMA、64ＱＡＭなどです（本章ではこれらをくわしく説明していきます）。

世界中で統一された規格にする方針もさらに強固になりました。実際に、国内で使っているスマホを海外に持っていって、現地のＳＩＭ（Subscriber Identity Module：利用者識別器）カードを挿して使うことも多いかと思います。規格が統一されていなければ、こうしたこともできないわけです。

4Gにおいて、規格統一へはかなりの努力が傾注されており、その妨げになる後方互換性（過去の技術資産を受け継いで、新しいシステムでも使えること）は3Gの策定時よりも切り捨てられています。

こうして、統一された規格に新しい機器がすべて対応していく時代が準備されましたが、現実にはその到来をゆっくり待ってはくれませんでした。

2007年にiPhoneが販売開始となったのです。

「なんちゃって4G」が必要とされた理由

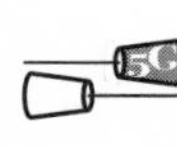

iPhoneの登場。このインパクトが、その後のスマートフォン市場の開花と爆発的な拡大を演出しました。

ここで移動体通信事業者がすぐに4Gを提供できればよかったのでしょうが、そうそう上手にタイミングがあうものではありません。IMT-Advancedの要件を満たす技術開発を待っていたら、新しいスマホを使いこなしたい利用者のニーズに応えることができなくなってしまいます。

また、「手にする端末が変わったのだから、それを活用する通信システムも刷新したのだ」と市場にメッセージを出す必要もありました。

そこで各移動体通信事業者は、その時点で利用可能な技術を逐次投入していきました。3Gから4Gへは一足飛びに進化したわけではなく、少しずつ少しずつ手が加えられて、最初に定められた4Gの水準に近づいていったのです。

この進め方には賛否両論がありましたが、急増するトラフィック（通信需要）をさばいて利用者の通信品質を落とさずに、端末の高度化にあわせて少しでも通信の高速化、大容量化を進めるうえでは、現実的な判断だったと思います。

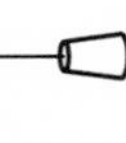

「LTE」の誕生

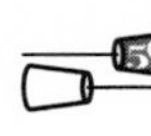

このとき、移動体通信事業者はネーミングの問題に直面しました。3Gと呼称し続けるのはマーケティング的に面白くありません。せっかく多額の投資をしたのですから、新規性をアピールして利用者に訴求したいと考えるのは必然です。
また、実際問題として逐次投入された技術によって、3Gを定義しているIMT－2000の要求水準である2Mbps の通信速度を大きく上回るサービスが展開されました。たとえばNTTドコモは2006年に W-CDMA を拡張したHSDPAを導入し（3・5G）、下りで（基地局→

端末の通信を下り、逆を上りといいます。下りのほうが需要が多いので、下りに多くの帯域を割り当て利用者の体感速度を向上させます）14Mbpsの通信速度を得ていました。実に3Gの7倍です。この後にも技術革新は続き、実質的にも「3G」でイメージするサービス水準と大きな乖離（かいり）が生じるようになっていきました。

また、各移動体通信事業者が固有のサービス名称を乱立させると利用者を混乱させ、それが巡り巡って移動体通信事業者のデメリットになる事態も考えられました。

一定の技術的進化をなしとげたので、いっそこれらのシステムを4Gとしてしまおうとする議論もありましたが、目標値を引き下げて4Gを名乗るのはためらわれました。

そこでひねり出されたのが、**LTE**（Long Term Evolution）です。長い時間をかけて漸進的な進化を遂げ、4Gに徐々に近づいていったことをよく表した名前だと思います。

このLTE、「3・9G」の別名もあったので、ご記憶の方も多いと思います。3・9とはずいぶん半端な数値ですが、4Gのちょっと手前で踏みとどまっているイメージです。

同じLTEでも速さが数倍違う

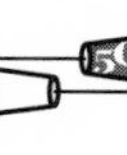

では、利用者にとってLTEとはどんな性能をもっていたのでしょうか。参考までに、auが

受信最大	1Gbps	Xperia 1、iPhone 11 Proなど
受信最大	958Mbps	Xperia XZ2、iPhone 11など
受信最大	818.5Mbps	iPhone Xsなど
受信最大	758Mbps	Xperia XZ3、iPhone XRなど
受信最大	558Mbps	iPhone Xなど
受信最大	479Mbps	Xperia 8など
受信最大	440Mbps	TORQUE G03など
受信最大	400Mbps	TORQUE G04など
受信最大	279Mbps	AQUOS sense3など
受信最大	260Mbps	Galaxy A30など
受信最大	225Mbps	Galaxy A20、iPhone 7など
受信最大	150Mbps	AQUOS sense2、iPhone SEなど

通信速度表（出典：https://www.au.com/mobile/area/other_speed/）

公開しているLTE対応機の通信速度表を見てみましょう（上図）。

一口にLTEといっても、たくさんの速度バリエーションがあり、端末ごとに対応している速度が異なることが見て取れると思います。

これこそがLTE、まさに長い時間をかけて少しずつ移動通信システムがその機構を改良していったことの証左です。

繰り返しになりますが、これは理論上の最大速度、カタログ値です。有線ケーブルであればワイヤスピードと呼ばれるもので、通信の混雑やノイズ、通信手順上必要な待ち時間などによってどんどん削り取られ、無線通信であれば実効速度が10％以下になることも珍しくありません。

カタログ値と実効速度にはかなり乖離があるのだということは、理解しておいたほうが良いと思います。

ダウンロードは速く、アップロードは遅い

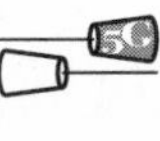

次に、やはりａｕが公開している実効速度の計測値表を掲載します（図４－１。計測に使用した端末の詳細は不明。ただし、グラフの上限が下り1Gbps、上り112.5Mbpsになっているので、この規格に準拠した端末が使われていると思われる）。

箱ひげ図の網掛け四角部分が第１四分位数から第３四分位数（中央値をはさんで、全体の半数）です。条件がよければかなりの速度が出ますが、おおむね理論値の10～20％に留まることが納得していただけると思います。

下りと上りで理論上の最大速度が違うのは、先にも少し触れた通り、下り通信（基地局→端末：ダウンロード）のほうが、上り通信（端末→基地局：アップロード）よりも圧倒的に需要が大きいからです。Ｗｅｂページを開くにしても、動画を見るにしても、音楽を聴くにしても、上り（見せて！　というリクエスト）より、下り（リクエストに応えて流れてくる動画データ）のほうが巨

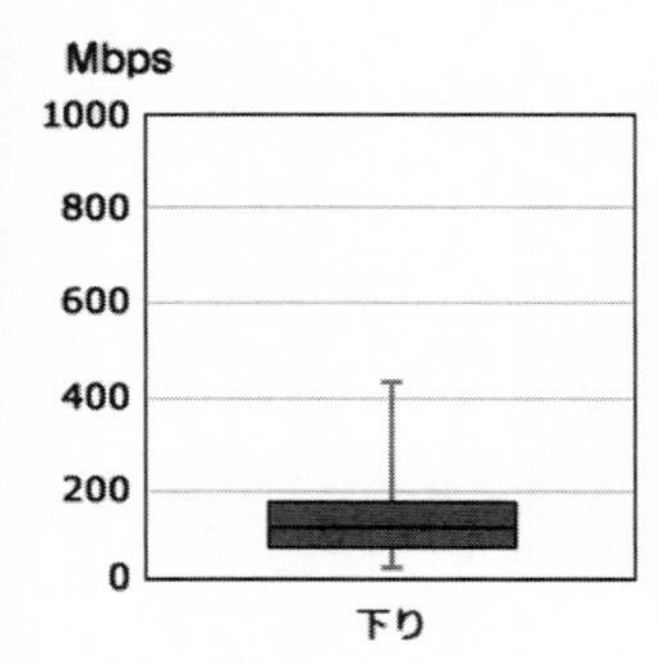

	下り速度(Mbps)
最大値	429
第3四分位数	170
中央値	124
第1四分位数	88
最小値	17

Mbps
112.5
100
80
60
40
20
0
上り

	上り速度(Mbps)
最大値	67
第3四分位数	28
中央値	19
第1四分位数	13
最小値	2

図4-1　実効速度
（出典：https://www.au.com/mobile/area/effective-speed/i/#ios）

大な情報量になります。

このとき、貴重な周波数帯を下りと上りに均等に割り当てるのはもったいない話です。そこで、下りに大きな帯域を割り当てる、すなわち下りを速く、上りを遅くする傾斜配分を行います。利用者にしてみれば、下りにより良い性能が割り振られていたほうが、体感速度が向上するのです。

要素技術その1「MIMO」

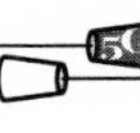

LTEの規格は、標準化プロジェクトである3GPPが取りまとめ、広く認められたものになりました。LTEを構成する技術はさまざまですが、主要技術はIMT-Advanced（もともとの4G）が想定していたMIMOとOFDMA、64QAMで変わりありません。ただ、少しずつ進歩していったので、同じMIMOでも2×2、4×4、8×8と発展していきました。QAMであれば、16QAMから64QAMへ拡張しています。

当初の理想がいきなり実現したわけではなく、だからこそ先ほどの端末表のような進化の足跡が残っているのです。

では、順番にそれぞれの技術を解説していきましょう。

まずＭＩＭＯは、Multi-Input and Multi-Output の略称です。身も蓋もない言い方をしてしまえば、アンテナを複数立てる技術です。たしかにアンテナをたくさん立てれば1本のときよりも速くなりそうです。

通常、私たちがアンテナと聞いて想像するのは、送信側に1本、受信側に1本のタイプです。送信側が伝送路に対して1本のアンテナで入力を行い、受信側は伝送路から1本のアンテナで出力を受け取るので、これをＳＩＳＯ（Single-Input and Single-Output）と呼びます。

有線通信でもやることですが、伝送路の数は多いに越したことはありません。通信ケーブル内で4本だった信号線を8本にするなどの拡張は、通信高速化の過程でよく行われます。こうすると、今まで順次送っていたデータを並行して送信できます。

あるいは、今まで上りと下りの通信を切り替えながら送受信していたのが、この信号線は上り専用、こちらの信号線は下り専用として、高効率な伝送ができるようになります。

これにならって無線通信でもアンテナを増やすのは、王道の発想です。

「ダイバシティ」で高品質化

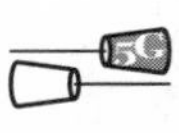

アンテナ複数化の試みは最終的にはＭＩＭＯに行き着きますが、過渡期的な実装として受信側だけをマルチアンテナ化する**ＳＩＭＯ**や、送信側だけをマルチアンテナ化する**ＭＩＳＯ**なども登場しました。

ＳＩＭＯやＭＩＳＯでは伝送の高速化にはあまり寄与しないのでは？　と考えた方は正解です。この方法で高速化を行う場合、最も重要なのは伝送路の数です。無線通信ではこれを**ストリーム**と称します。

図４－２のＳＩＭＯの場合、送信側が送り出せるストリームは１本ですから、それを２本のアンテナで受信したとしても、両者の間にあるストリームが１本であることには変わりがありません。

ＭＩＳＯの場合も同様です。送信側が２本のストリームを送り出す能力を持っていたとしても、受信側のアンテナは１本しかなく、１本のストリームしか拾えません。これも二者間を結ぶストリームは１本になります。

それなのにＳＩＭＯやＭＩＳＯが存在するのは、高品質化に効果があるからです。

無線通信が理想的に行われるとき、端末から発信した電波は基地局が直接受信します。しか

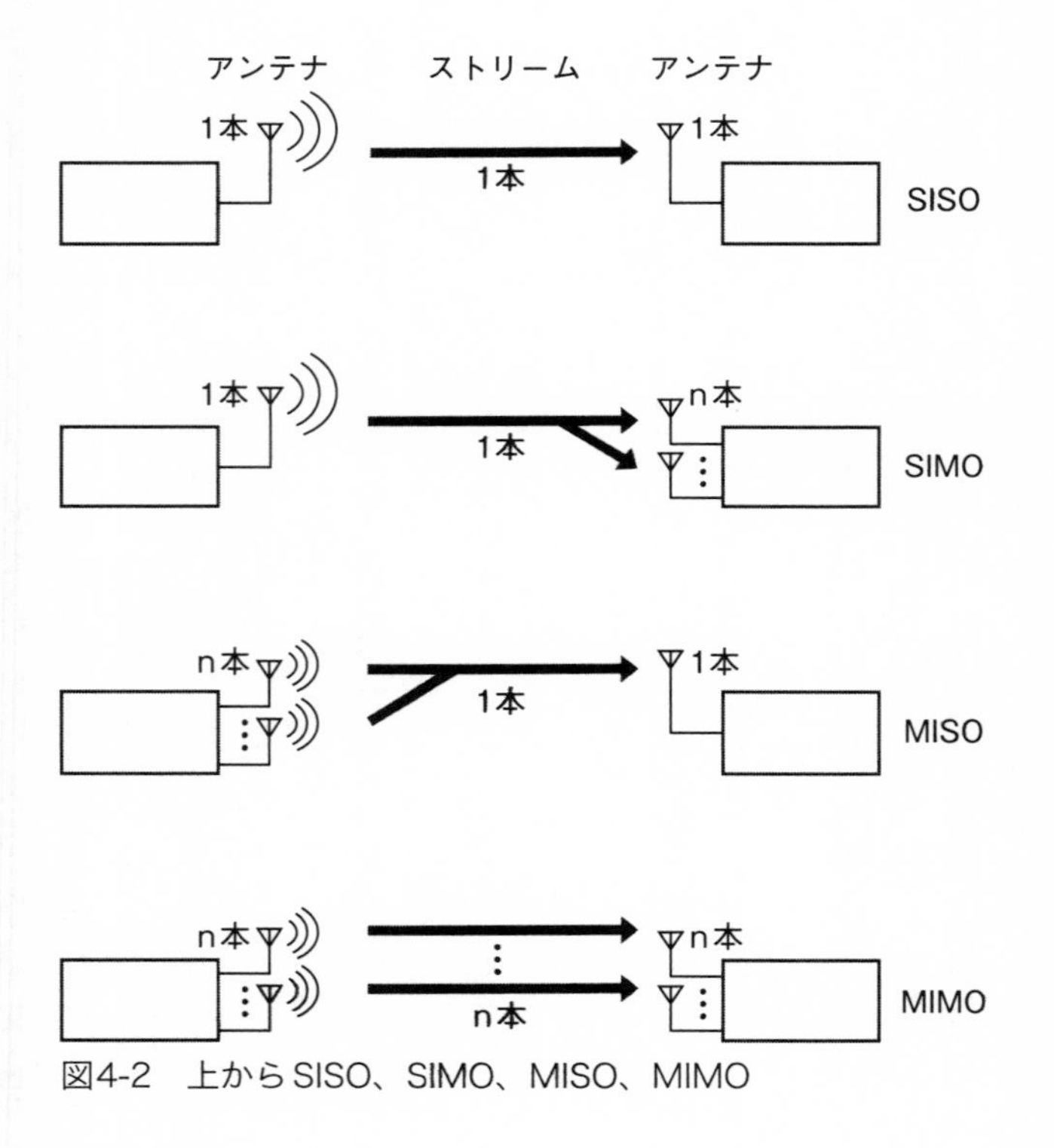

図4-2　上からSISO、SIMO、MISO、MIMO

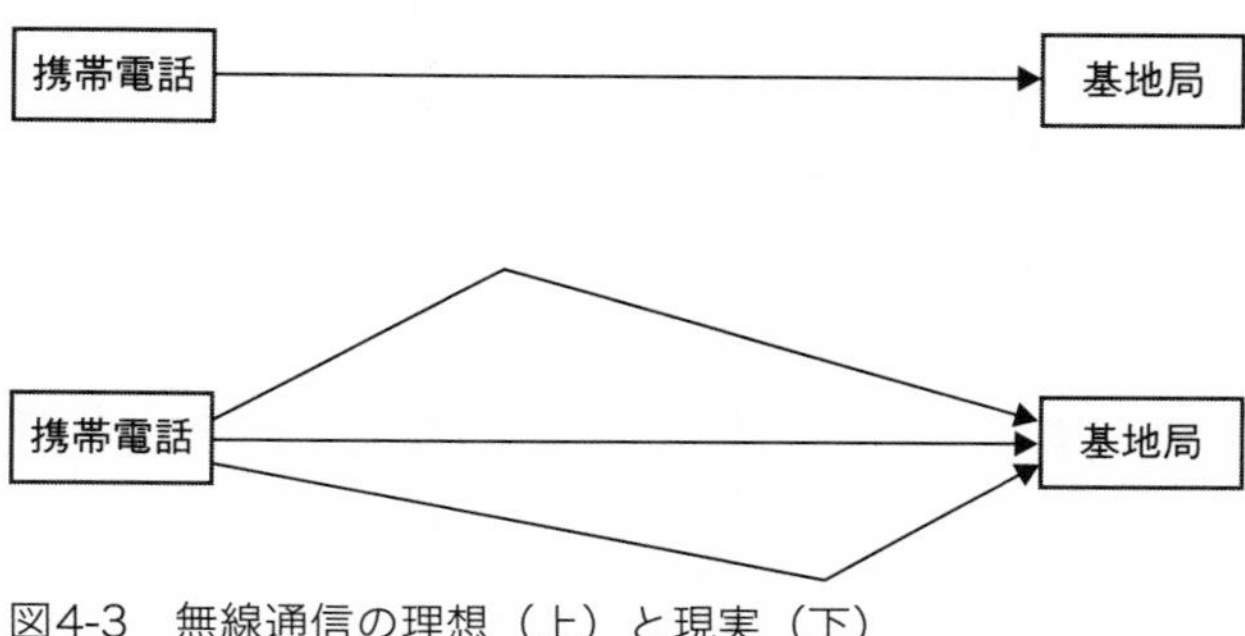

図4-3　無線通信の理想（上）と現実（下）

し、現実にはこのようなことはほとんど起こりません。

電波は壁や遮蔽物などに反射したり回り込んだり、他の電波と干渉したりします。そのため、同じ電波を遅れて受信してしまうこともあります。これは「**マルチパス・フェージング**」といって、通信をする上でのノイズになります（図４－３）。

１本のアンテナで受信する場合は、同じ電波なのに複数経路を通って時間差で着信したものを識別し合成する処理を行いますが、アンテナが複数であればこの処理をもっと精密に実施し、通信品質を上げることができます。これらの技術を「**ダイバシティ**」と総称します。

アンテナ複数化の到達点

ＭＩＭＯは送信側にも受信側にも複数のアンテナを立て、その特性をもっと積極的に伝送速度の向上に利用します。

Wi-Fi用のアクセスポイントや無線ＬＡＮルータを購入する

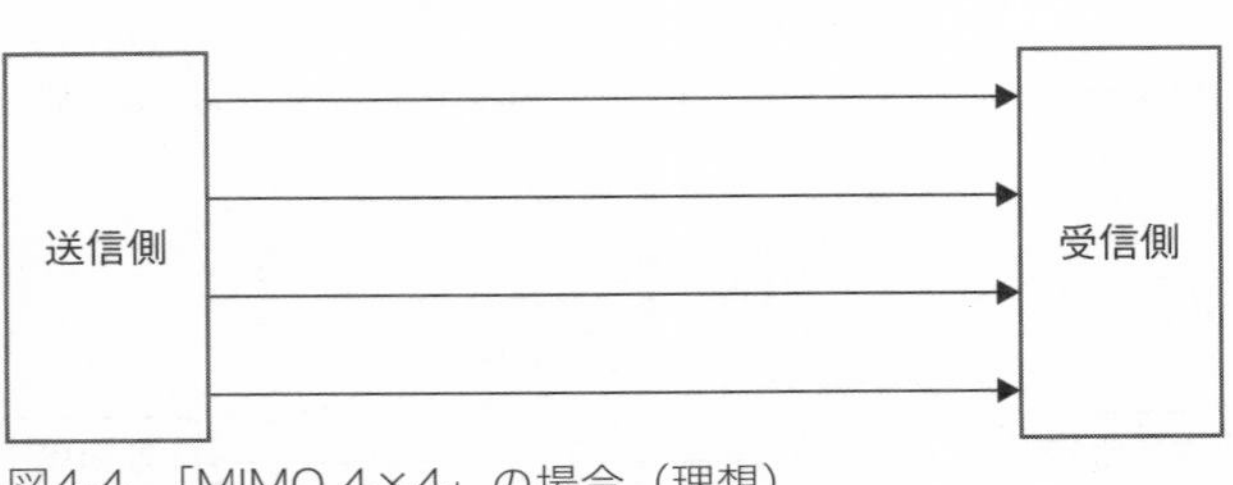

図4-4　「MIMO 4×4」の場合（理想）

ときに、「ＭＩＭＯ　２×２」や「ＭＩＭＯ　２×４」と表記されているのを見たことがあるかと思います。

これは、２×２であればアンテナが送信側に２本、受信側に２本であること、２×４であれば送信側に２本、受信側に４本であることを示しています。

４×４のＭＩＭＯを使う場合、送信側と受信側の間に４本のストリームを作ることができます（図４－４）。

ストリームが１本だったときと比べると、単純計算で４倍のデータを同時に送ることが可能になるわけです。

ただし、このとき、ストリームごとに周波数を変えるのであれば、これまでの高速化手法と同じで、移動通信システムに割り当てる周波数帯が広がらなければ高速化できません。

電波が干渉しても大丈夫な理由

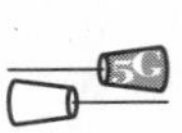

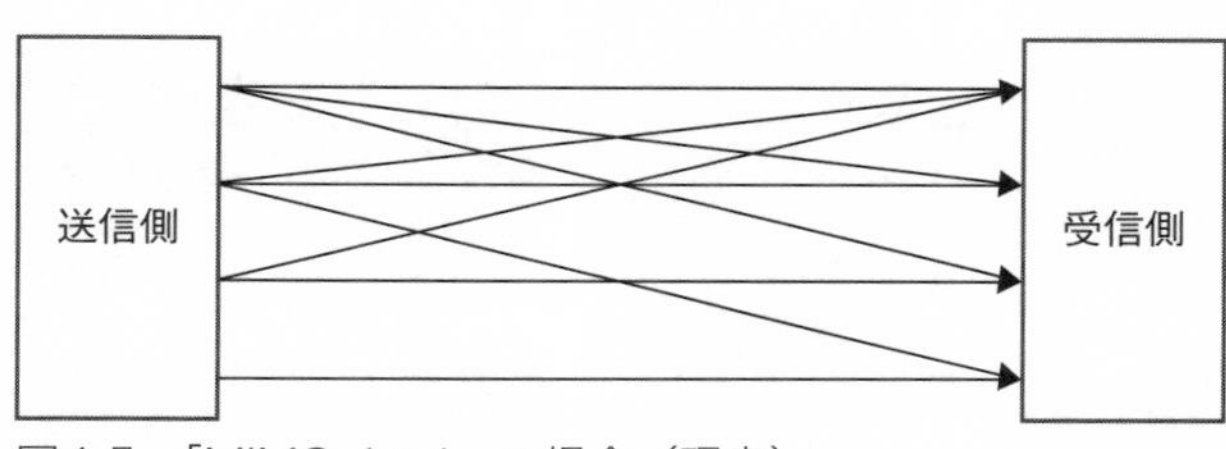

図4-5　「MIMO ４×４」の場合（現実）

ＭＩＭＯの通信の特徴は、複数のストリームを同じ周波数帯で送信することにあります。

ふつうに考えると、互いに干渉してしまいそうです（実際にするのですが）。でも、アンテナ１本でデータを送ると電波は広範囲に広がりますが、アンテナを２本、４本と増やしていくと電波の広がりが狭い範囲にとどまります。

この性質は身近な道具で簡単に可視化することができます。お箸（はし）１本を水面に挿（さ）し、上下動させてみてください。放射状に波が広がるはずです。しかし、お箸の数を２本、４本に増やすと波の広がりが狭くなることが見て取れます。

この性質を利用すると、アンテナの間隔が十分に開いていれば、受信側は複数のストリームを正しく受信することができます。

もちろん、あるアンテナは自分に割り当てられたストリーム以外のストリームも受信してしまいます。しかし、それぞれのストリームは個々に異なる信号特性を持つので（送信側でそう処理するので）、受信

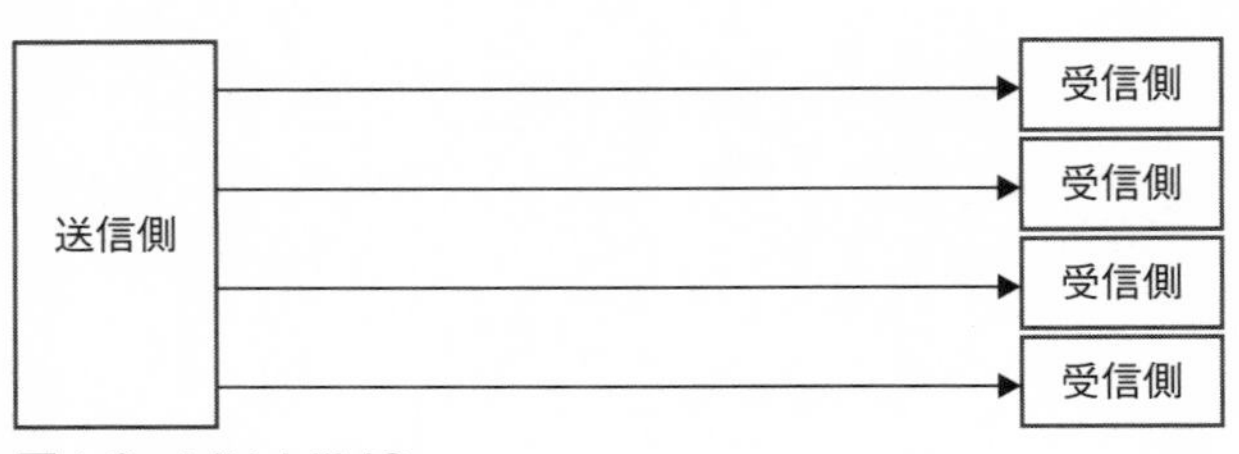

図4-6　MU-MIMO

側で分離することが可能です（図4－5）。

この手法はもともとは1対1の通信用に開発された技術です。たとえば、Wi-Fiのアクセスポイントとノートパソコンの間を高速に結ぶことが想定されていました。しかし、4×4、8×8となってくると対応できない端末も増えてきます。アクセスポイント側がいくら8本アンテナを備えていたとしても、端末側が2本しかなければ作れるストリーム数は2本で、アクセスポイント側の6本を無駄にしてしまいます。

そこで、1対nの通信を行うMU（Multi User）－MIMOが登場しました。移動通信システムもこの方式を採用しています。基地局側から見るとたくさんのストリームをさばいていますが、端末側が処理しているのは1本のストリームのみです（図4－6）。

この場合は1台あたりの伝送速度は向上しませんが、エリア全体の伝送容量を引き上げる効果があります。今まで順番を待っていなければつながらなかった端末が、同時にデータをもらえるからです。

要素技術その2「OFDMA」

OFDMA（直交周波数分割多元接続）は、第一世代移動通信が採用していたＦＤＭＡの発展形です。ＦＤＭＡは自社に割り当てられた周波数帯をさらに小さな周波数帯である**サブキャリア**に分割して、１つのサブキャリアで１台の端末の通信を行う方式でした。

このとき、サブキャリアとサブキャリアの間には周波数的な空間をあけておかないと、互いに干渉してしまい通信が成立しませんでした。この空間のことを**ガードバンド**と呼びます。通信のために必要な措置ではあるのですが、貴重な周波数を無駄に消費しているとも言えます。

OFDMAでは、このガードバンドをなくし、さらに大胆なことにサブキャリア同士を重ねてしまいます。ＦＤＭＡと比べるとすごく効率が良いことが、図４－７からも読み取れると思います。

もちろん、何の工夫もなくサブキャリアを重ねると、干渉によって通信できないか、極端に伝送効率が悪くなってしまいます。OFDMAは、あるサブキャリアの周波数成分が０になる（直交する）ところに、隣のサブキャリアの周波数成分のピークが来るようにサブキャリアを並べるこ

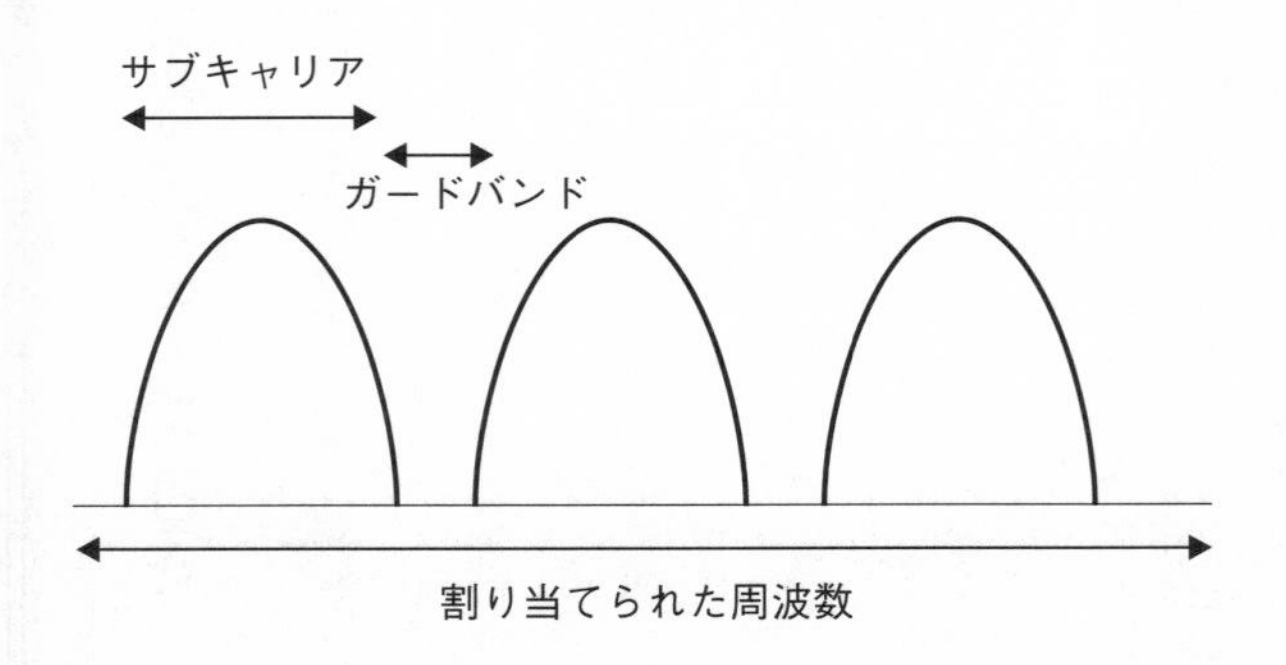

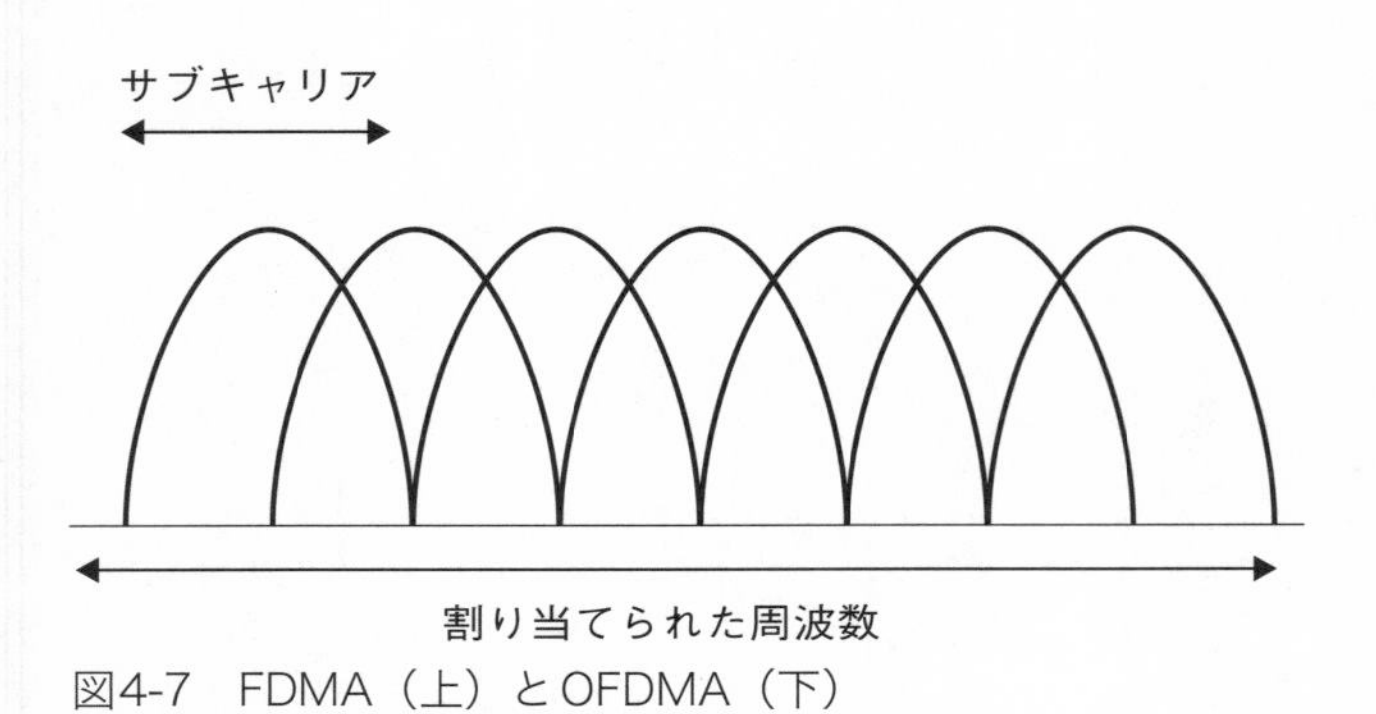

図4-7　FDMA（上）とOFDMA（下）

とでこれを回避します。

LTEは下り通信で、このOFDMAを採用しています。

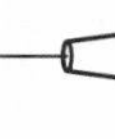

要素技術その３「QAM」

３つめの主要技術であるQAMの話をしましょう。

これまで、「０や１のデジタルデータを電波の形に変えて送信する」とさらっと流してきてい

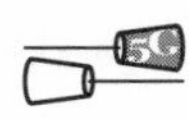

２進数	10進数
0	0
1	1
10	2
11	3
100	4
101	5
110	6
111	7
1000	8
1001	9
1010	10

２進数と10進数の対応

A	→	65	→	01000001
B	→	66	→	01000010
a	→	97	→	01100001
b	→	98	→	01100010

文字と文字コード

ましたが、これはけっこう大変なことです。アナログ通信であれば、音波をそのまま電気信号に変換して通信するベースバンド伝送を行うことも可能ですが（実際には高速化、長距離化するために変調します）、デジタルデータはそうはいきません。

コンピュータが扱う数値は2進数ですから、最終的にはどんな情報も0と1で表されます。私たちがふだん使い慣れている10進数は、絶対的な数の表し方ではありません。私たちの多くが、たまたま10本の指を持っているので、10をひとまとめにすると数えやすいというだけです。

コンピュータにとっては、2をひとまとめの単位にするのが自然なので、10進数は2進数へと変換されます（前ページの表）。

上の表で示したように、文字も数値に変換して、記憶、処理します。

画像や音声なども、同様の処理を行って、0と1の数列に変換することができます。しかし、この情報を乗せて送る電波（搬送波：キャリア：Carrier Wave）はアナログの波です。波で

0だの1だのを表現するのには、ひとひねりが必要です。

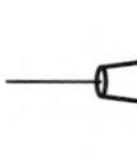

モールス信号のしくみ

最もシンプルなのは、**振幅偏移変調**（**ASK**：Amplitude Shift Keying）です。アナログの振幅変調（AM：Amplitude Modulation）はAMラジオでおなじみです。振幅偏移変調の場合、たとえば0のときは電波を出さない、1のときに電波を出す、としてしまいます。これを**OOK**（On Off Keying）といいます。

ただ、OOKはちょっと使いにくいです。電波のないとき、通信をしていないのか、通信中だけど0を表現しているのか、など判別すべき事柄がでてくるからです。

そこで、短音（トン）と長音（ツー）を送信の長さ（パルス幅）で表現する方法が考えられました。これを**PWM**（Pulse Width Modulation）といいます。ASKの仲間です。

PWMもシンプルでわかりやすい伝送方法で、実際PWM方式の無線機は作るのが簡単です。

しかし、ぱっと見の印象でも伝送の効率は悪そうです。トンもツーも情報量としては同じですが、ツーのほうは伝送に時間がかかります。

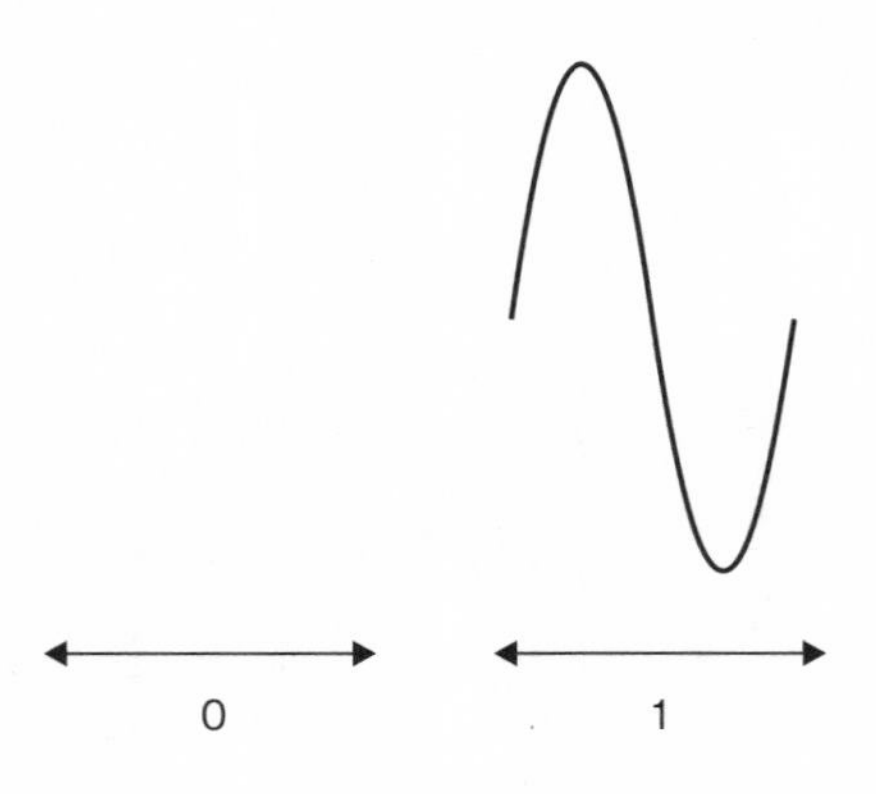

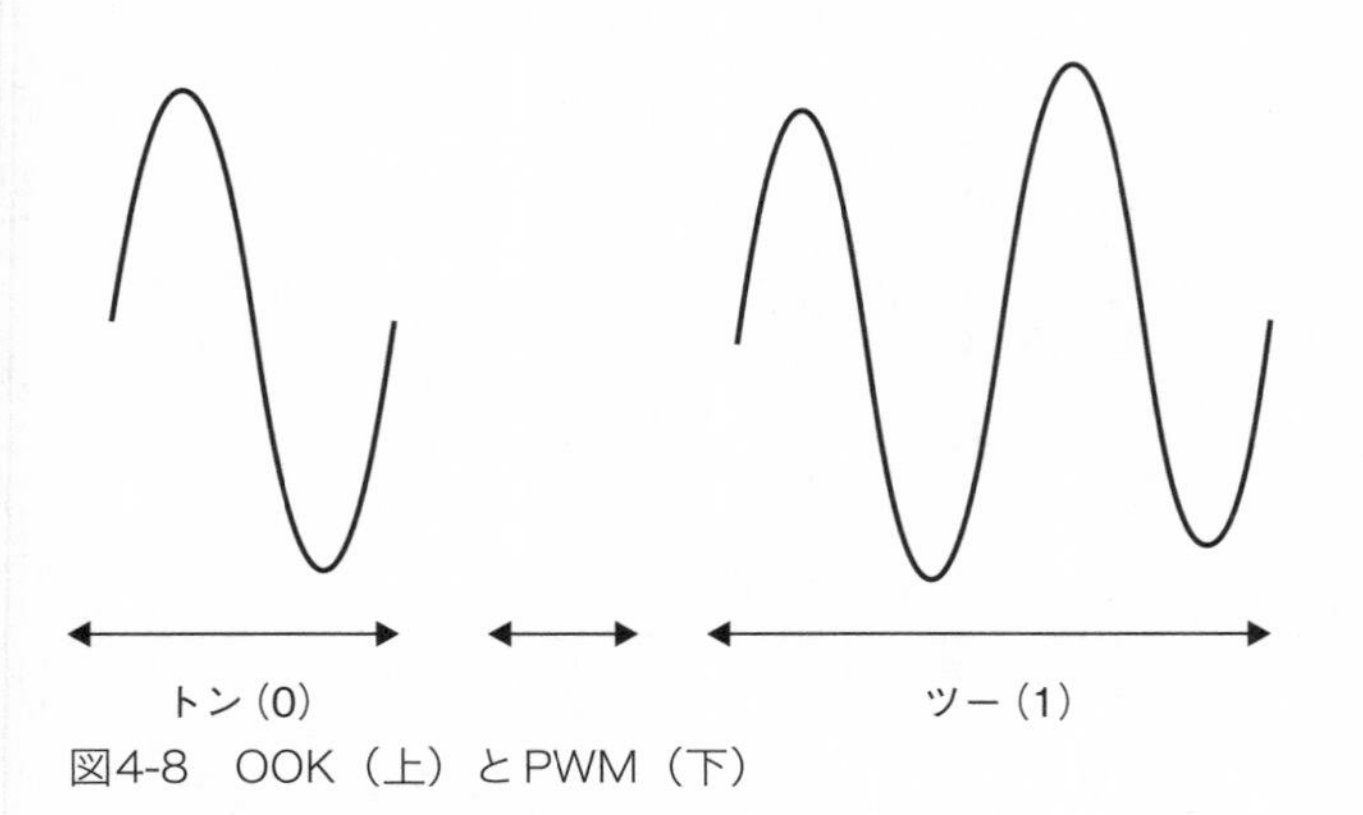

図4-8　OOK（上）とPWM（下）

有名なＳＯＳのモールス信号はトントントン・ツーツーツー・トントントンですが、

・・・

ーーー

・・・

と電波を発することになるので、ＳよりもＯのほうが伝送に時間がかかることになります。また、信号の区切れ目に必ず無信号の時間を作らねばなりません（図４‐８）。

シャーロック・ホームズに、使用頻度の高いアルファベットから類推を膨らませ、暗号を解読するお話（『踊る人形』）がありましたが、モールス信号でも使用頻度の高いアルファベットには短音を中心に割り当てる傾向があります。少しでも伝送速度を上げるための、涙ぐましい努力です。

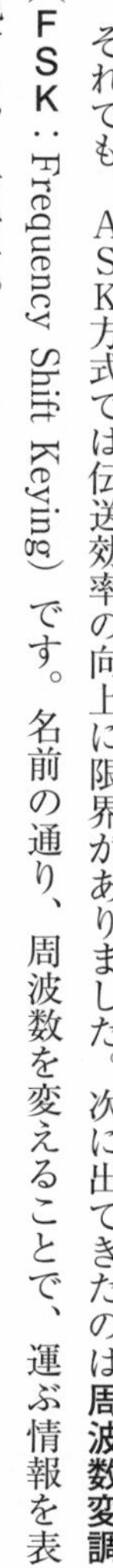

周波数にデータを対応させると……

それでも、ＡＳＫ方式では伝送効率の向上に限界がありました。次に出てきたのは**周波数変調**（**ＦＳＫ**：Frequency Shift Keying）です。名前の通り、周波数を変えることで、運ぶ情報を表現するやり方です。

これであれば、0と1の区切れ目に無信号の区間を挿入する必要がなく、連続してデータ伝送を行うことができます。少しの違いのように思えるかもしれませんが、大量のデータをやり取りするときには、ちょっとの違いが全体としては大違いになります。

ただし、FSKは原理上、必ず複数の周波数帯を使います。貴重な電波資源をどうにかやりくりしている状況下では、ちょっともったいない気がします。

また、図4－9の上では0のデータを送信するときに周波数の低い電波を使っています。すると、1を送信するときよりも、0を送信するときのほうが時間がかかることになります。

周波数の変化でデータの違いを表現しているので、周波数の低い電波が出てくるのは必然なのですが、これもより速い速度を追求するときの足枷（あしかせ）になります。

位相をずらす方法

そこで、さらに工夫を重ねたのが、**位相偏移変調**（**PSK**：Phase Shift Keying）です。これは電波の波の形を変えることで、いまどのデータを送っているかを表す方法です（図4－9下）。

波の形を変える（位相をずらす）ことで、0と1のデータを区別しています。位相をずらす、

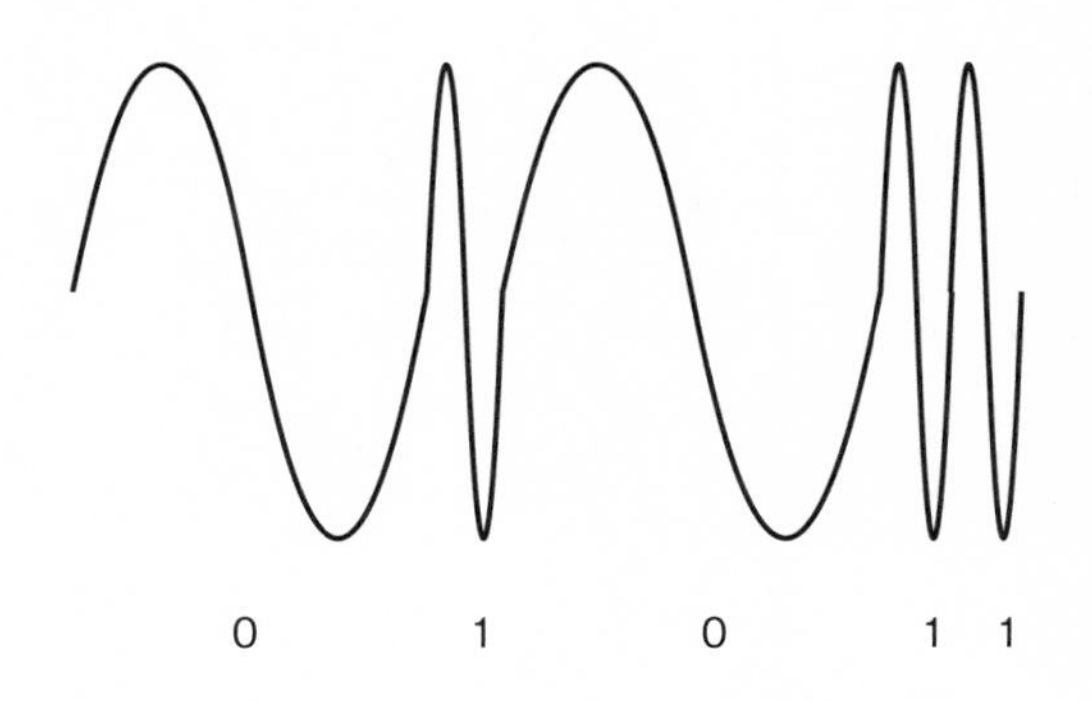

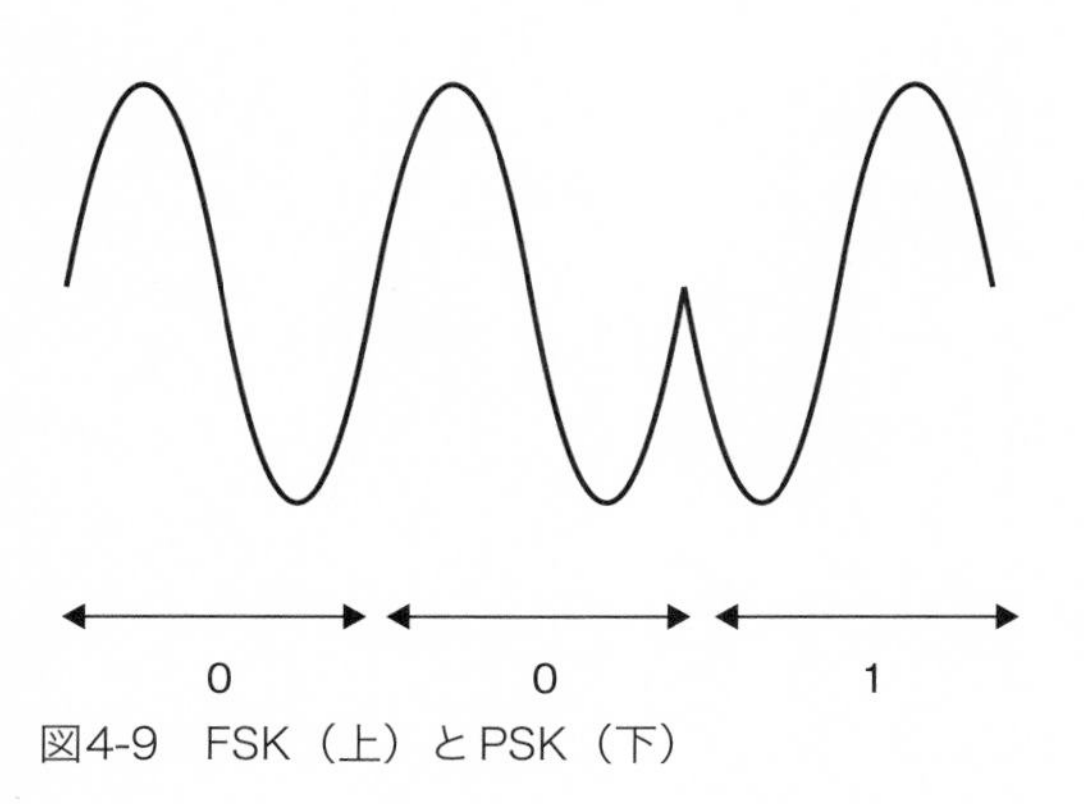

図4-9　FSK（上）とPSK（下）

という言い方が日常生活のなかにあまり出てこないので戸惑いますが、理屈はかんたんです。

たとえば、0に割り当てた波形を基本とした場合、この波形のスタート地点を0度、終わりの地点を360度と呼びます。

すると、真ん中の地点は180度になるはずですし、さらに半分の地点は90度と270度になるはずです（図4－10）。

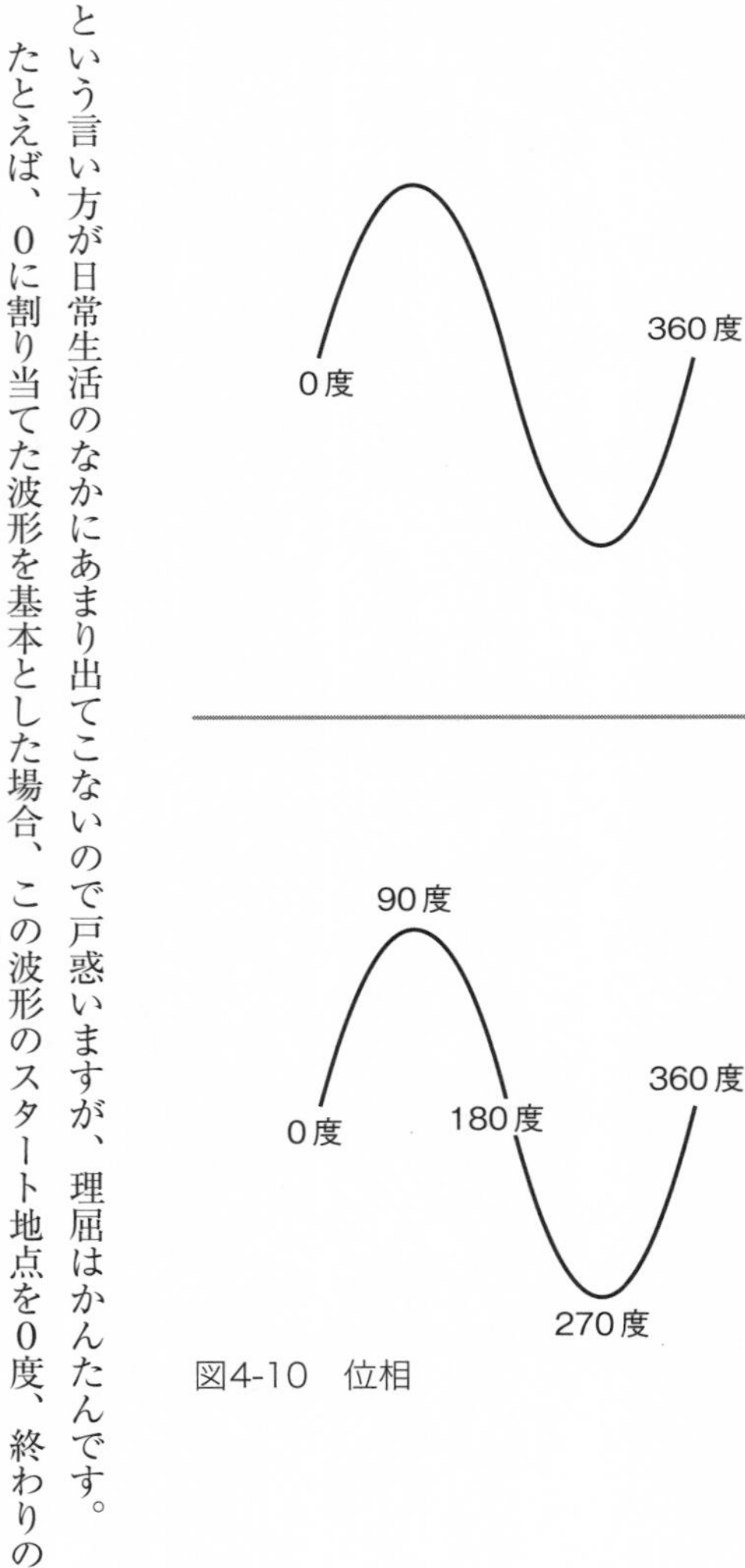

図4-10　位相

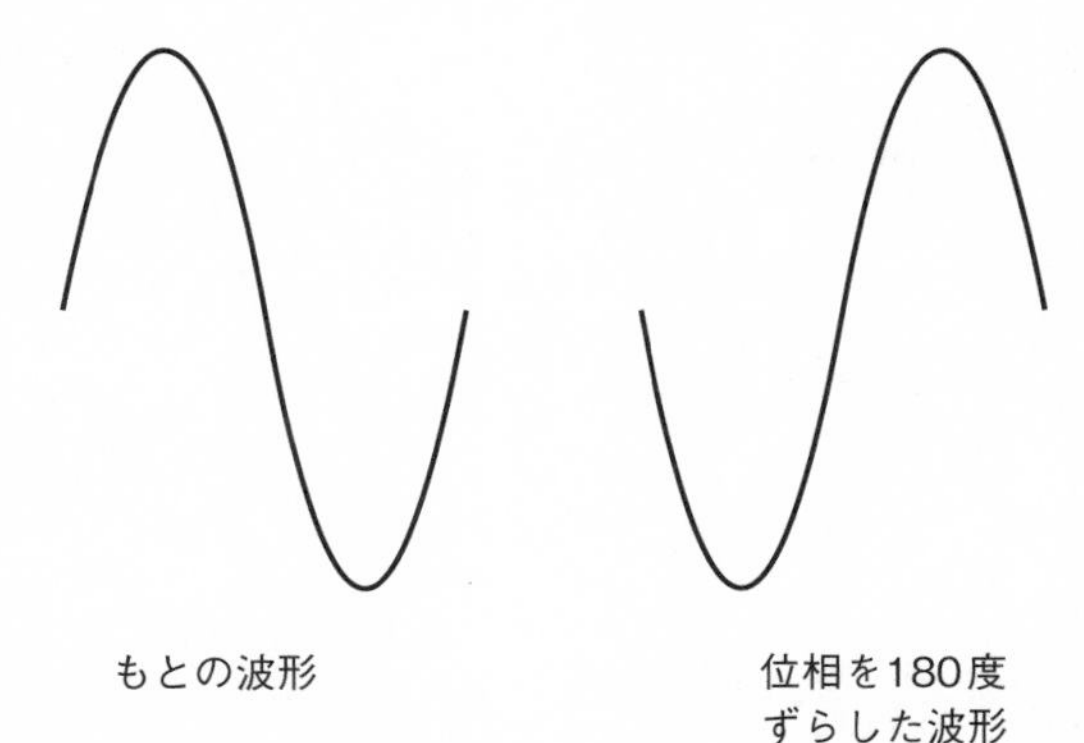

図4-11　BPSK

図４－９の下で、１に割り当てた波形は、このなかの１８０度の地点から描きはじめて１サイクルしたものです。

この場合、０を表す波形（シンボルといいます）と、１を表す波形の、２つの波形でデータを送っているので、**二位相偏移変調**（**BPSK**：Binary Phase Shift Keying）と呼びます（図４－11）。

もっと波形を増やしていけば、たとえば90度地点から描きはじめる波形と、２７０度地点から描きはじめる波形の２つを足して、

０度＝00
90度＝01
１８０度＝10
２７０度＝11

とデータを割り当てていけば、1周期で送信できるデータ量がどんどん増えていきます。この場合は、4つのシンボルを使って、1周期で2ビットのデータを送っているわけです。

「1周期で64パターン」への道

どんな波形を使って通信しているかを並べた図を、コンスタレーション（星座）といいます。

先ほどの通信のコンスタレーションは、図4－12のようになります。

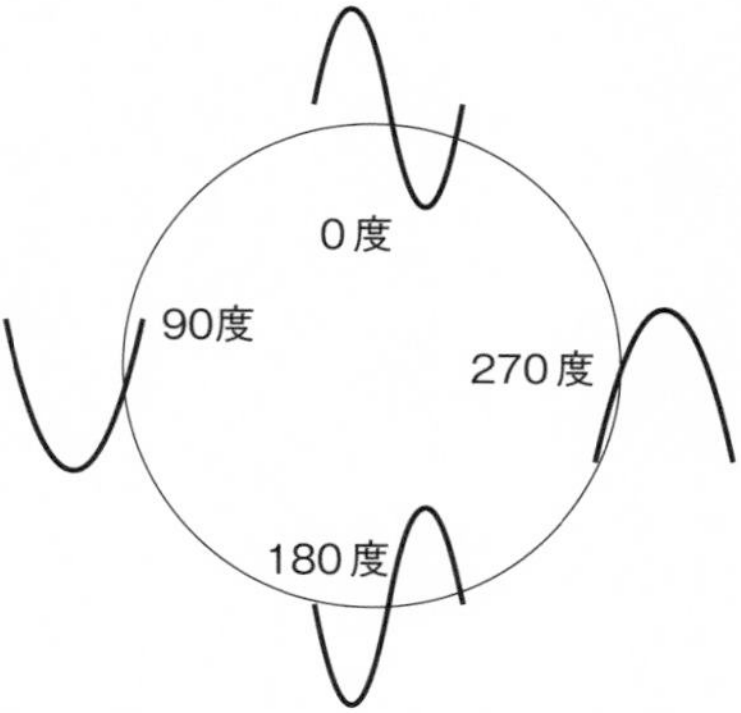

0度
90度
270度
180度

図4-12　コンスタレーション

1周期で4種類のデータを運べますから、これは**四位相偏移変調**（QPSK：Quadrature Phase Shift Keying）になります。

理屈の上では、波形のパターンを増やしていけば、通信速度をどんどん高めていくことができます。実際に、8PSK（八位相偏移変調）も使われていますが、限界があります。波形の形が似てくるので、間違えて伝わってしまうケースが増えてくるのです。

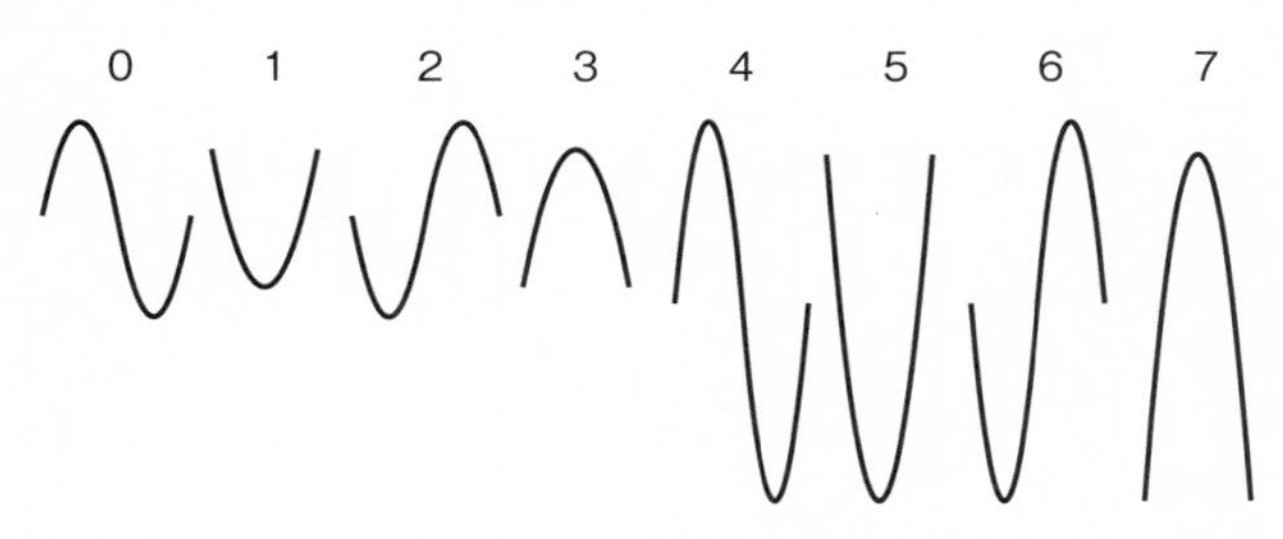

図4-13　QAM

そこで、さらに高速化するために、ＱＰＳＫに波の大小の要素も加えて、データを識別できるようにしたのが**直角位相振幅変調**（**ＱＡＭ**：Quadrature Amplitude Modulation）です。名前からしても、これまでに説明してきたさまざまな要素が組み合わされていることがわかると思います。

波形のパターンをみると、先ほどのＱＰＳＫと同じ４パターンだけなのですが、そこに大きさの要素が加わっています（図４－13）。４つのパターンを識別するのは難しくありませんし、波形の大小を読み取ることも難しくありません。

結果的に、無理せず１周期のなかで８つの異なる信号を伝送することに成功しています。２進数で表現するならば３桁分、つまり３ビット（８通り）の情報を送れるようになりました。ＱＰＳＫが１周期で送れる情報は２ビット（４通り）ですから、情報量は２倍になったことになります。

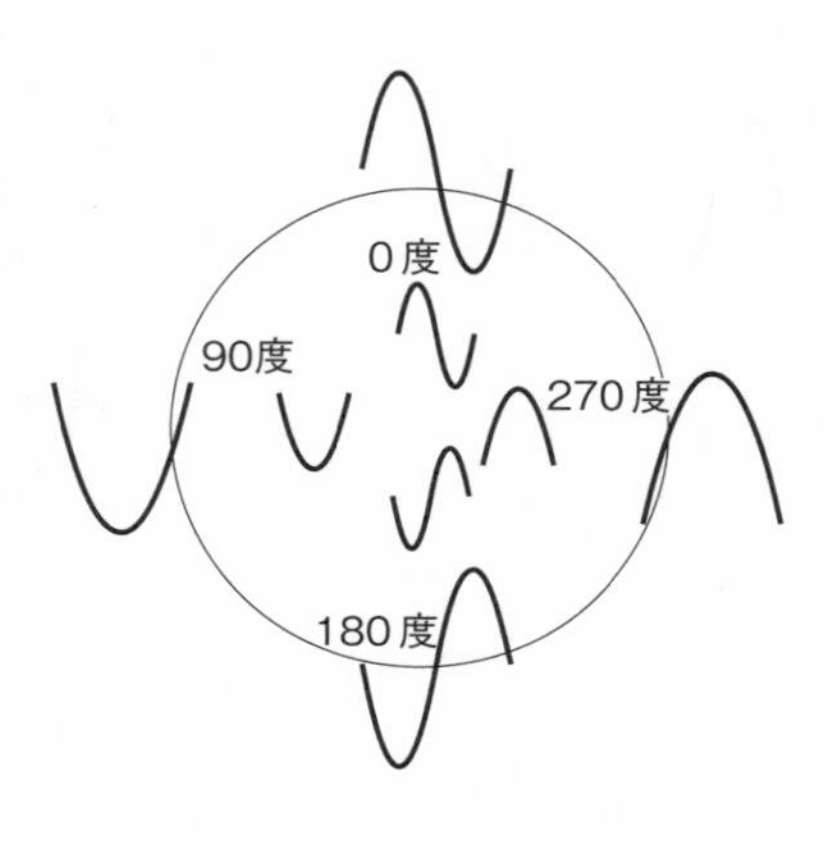

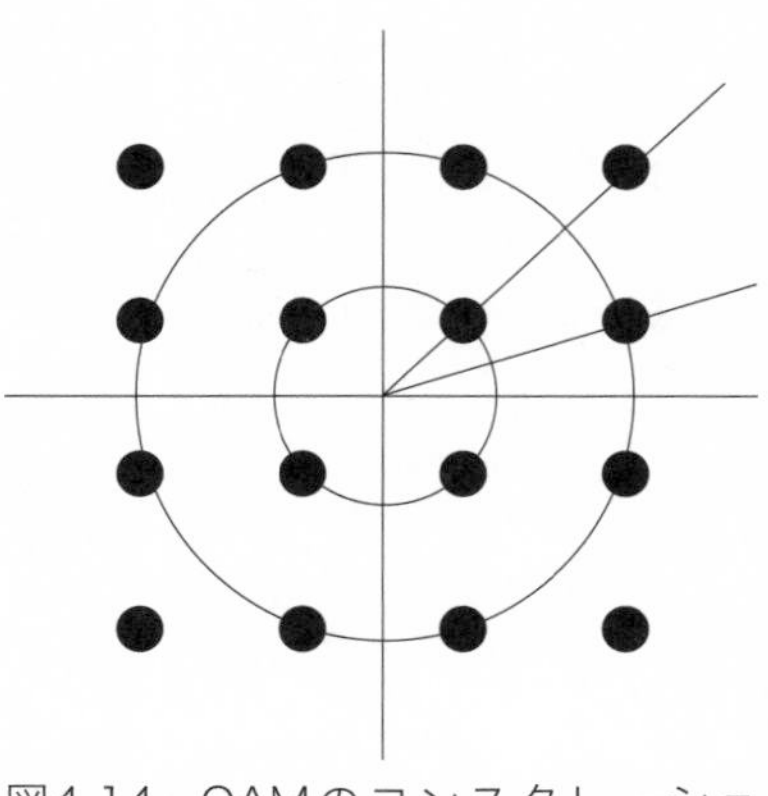

図4-14　QAMのコンスタレーション（上）と16QAM（下）

実際には、波形のずらし方を工夫して、1周期で16パターン（4ビット）の情報を送ることができる16QAMや、波形の大きさを4段階に増やして1周期で64パターン（6ビット）の情報を送信可能な64QAMが使われており、原理的には256QAM、512QAMと増やしていけます。

もちろん、増やしすぎれば、波形のパターンや波形の大きさが混同してしまうリスクが増大するのは、ＰＳＫのときと同じです。ですがＱＡＭでは、２つの要素を組み合わせているので、無理なく識別できる組み合わせ数はとても大きくなっています（図４－14）。

３・５Gも４Gになった

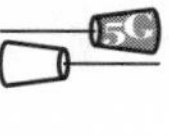

第一世代移動通信ではＦＭ、第二世代移動通信および３ＧではＢＰＳＫ～ＱＰＳＫ、ＬＴＥではＱＰＳＫ～64ＱＡＭが使われています。幅のある書き方をしているのは、製品ごとに何を採用しているかが異なることと、「電波状態が良好な場所では64ＱＡＭ、そうでなければ16ＱＡＭ」のように使い分けているからです。

これらの技術を順次投入することで、３Ｇの延長線上にある製品はどんどん高速化と大容量化を実現していきました。まさにＬＴＥですし、延長線上にあるとはいいつつ、３Ｇとは隔絶した利用者体験が得られる意味で、３・９Ｇという名称にも納得することができます。

ＬＴＥ規格を定めた標準化プロジェクト３ＧＰＰは、最大32個の周波数帯を同時に使って束ねるなどの工夫をこらして、さらに高速な通信を行える規格を２０１１年に作りました。この規格をLTE-Advancedといい、複数の周波数帯を同時に使って高速化することを**キャリア・アグリゲーション**と呼びます。

４Ｇの規格としてIMT-Advancedを定めていたＩＴＵは、LTE-Advancedがここに書かれた４Ｇの要求水準を満たしていると認め、LTE-Advancedに準拠した通信システムは４Ｇと呼ばれることになりました。

これを端緒に４Ｇの名を冠したサービスが大量に市場へと投入されたのですが、中にはＬＴＥやそれ以前の３Ｇの発展形（３・５Ｇと称されるもの）を４Ｇとしているものもありました。

これを見たＩＴＵは市場の混乱を避けるために、３・５ＧやＬＴＥもまとめて４Ｇと表記することを認めました。そのため、４Ｇのサービスは、その実効速度が数十Mbpsから、１Gbps相当まで大変ばらつきのあるものになってしまいました。利用者にとっては、機器を買うときなどに注意が必要です。

それ以外の４Ｇの特徴として、Wi-FiやWiMAX（コラム４参照）との親和性を高めたことがあげられます。先にも述べたデータオフロードなど、アクセスポイントがある場所ではWi-Fi、屋外では４Ｇを使って通信することがもはや一般的になっています。

あまりにも自然に、シームレスに両者が切り替わっているので、いま使っている回線が４ＧなのかWi-Fiなのかいちいち気にしていない人も多いと思います。４Ｇでは、この両方を同時に使って、通信速度をさらに高める技術であるＬＷＡ（LTE-WLAN Aggregation）も可能になっています。

コラム４　WiMAXとラストワンマイル問題

５G、Wi-Fiといろいろあるなかで、WiMAXまで出てくるとだんだんこんがらがってきます。WiMAXとは何なのでしょうか。

いくつかの特徴がありますが、無線によるＭＡＮだと考えておけばよいでしょう。ＭＡＮのＡＮはArea Networkの略で、どのくらいの範囲をカバーするネットワークなのかで４つに分類されています。

ＰＡＮ（Personal Area Network）
ＬＡＮ（Local Area Network）
ＭＡＮ（Metropolitan Area Network）
ＷＡＮ（Wide Area Network）

それぞれ、厳密に「１０ｍ以上１００ｍ未満がＬＡＮだ」のような定義があるわけではありません。順番に説明していきましょう。

まず、PANは身の回りの個人用機器を接続する用途のネットワークをざっくりと指しています。たとえば、スマホとイヤホンを結ぶ Bluetooth は無線PANに分類されます。有線であれば、PCと周辺機器を結ぶUSBがPANの代表例です。

LANは構内接続用です。ビルの中や、家の中で使われるネットワークです。身近なところでは、パソコンの有線通信技術であるイーサネットがLANに分類されます。Wi-Fi は代表的な無線LAN技術です。

それ以上の広域ネットワークがWANになります。携帯電話もここに含まれます。端末と端末をピンポイントで接続するようなWAN技術もありますが、多くの人が思い浮かべるのはインターネットだと思います。インターネット（inter-net）はその名前の通り、ネットワーク（LAN）とネットワーク（LAN）の間をつなぐ技術です。

もっとも、いまではインターネットは固有名詞化してしまいました。LANとLANをつないでネットワークを拡げていくととても便利なので、ついに世界中を覆ってしまったからです。この、「世界中をくまなくつないだ例のアレ」を表現する場合は、Internet と先頭を大文字にして区別することがあります。

世界中を覆うようなネットワークを表すためにGAN（Global Area Network）という用語が提案されたこともありますが、あまり実社会で見かけたことはありません。

このうち、MAN（Metropolitan Area Network）はLANとWANの間にある技術です。通信のテキストを読むとたいてい載っているのでGANよりは有名ですが、これも実際にはそんなに使われていません。それこそ、WiMAXの説明で出てくるくらいでしょうか。

工場や大学の敷地全体を覆う規模のネットワークを指す用語なので、そもそもがふわっとしているのです。工場の敷地と言っても、町工場からちょっとした都市くらいのものまで、幅がありま す。大学のネットワークは典型的なMANだと思われているのですが、これを特別にCAN（Campus Area Network）と呼ぶ人までいて、さらに混乱するのです。

そのふわっとした「MAN」が唯一、有意義に使われているのがWiMAXだと思うのです。LANであるWi-Fiと、WANである携帯電話の隙間を見事に埋める技術です。有線通信だと、「これがMAN用の技術だ」と自信を持って言い切れるものはなかなかありません。大学のネットワークはMANだよと言われても、その規模であればLANの技術に分類されるイーサネットを使って、十分に構築することが可能です。

近年のイーサネット技術は長距離通信も可能になっているので、「LAN技術のイーサネットで、WANを構築することもできる」混沌（こんとん）とした状況が生まれています。

しかし、無線通信では事情が異なります。Wi-Fi（LAN）は100mちょっとのサイズでしかネットワークを構築できませんし、移動通信システム（WAN）は数百キロのサイズで通信することを念頭に作られています。ちょっとした商店街を覆ったり、特定の市区町村だけを覆ったりするには、帯に短したすきに長しです。

そこを埋める技術として台頭してきたのがWiMAXです。たとえば、1km四方ほどのネットワークを構築したいとき、そのすべてをカバーするようにWi-Fiのアクセスポイントを立てるのは大変です。移動通信システム（携帯電話網）であれば余裕でカバーできますが、通信費が高額になります。通信量の逼迫を考えても、ぴったりした技術があるならば、そちらにオフロードしたかったわけです。

そんなときに登場したのがWiMAXでした。登場したときのWiMAXは、何から何までWi-Fiと携帯電話網の中間といった技術でした。WiMAXを規定している技術は、IEEE802.16-2004として2004年に制定されています（IEEE〈米国電気電子学会〉も非常に力のある国際標準化団体です。Wi-Fiの通信技術であるIEEE802.11シリーズ規格は、ここが定めています）。

時期的には3Gが普及しはじめていたころですが、その当時に次のような性能を有していました。

・伝送距離　数キロメートル
・伝送速度　74.81Mbps

距離の面でも、速度の面でも、まさに当時のWi-Fiと３Gの中間をいく技術だったのです。

しかし、登場したときは、Wi-Fiと３Gの間をシームレスに埋めるというよりは、ラストワンマイル問題を解決する手段として認識されていたように思います。

ラストワンマイル問題というのは、インターネットの通信で言えば、「家の目の前まで高速な光ファイバ網が来ているのに、そこから家の中に引き込む回線が昔ながらのメタル回線なので、せっかくの高速性能が最後のわずか３ｍの区間のために台無しになっている」といった問題のことを言います。

この言葉は別に通信でなくても、「空港や高速鉄道がある近くの中核都市は、世界ととてもスムーズなアクセスがあるのに、そこと自宅をつなぐ交通網が１日１本のバスしかないので、他国に行くよりもその移動に時間がかかる」といった問題でも使われます。

とはいえ、目の前の光ファイバを宅内まで引き込む工事をするというのもなかなか大変です。補助金などの施策もありましたが、手続きが面倒なので思ったほど普及しませんでした。ここでも「有線」はわずらわしいと思われていたのです。

そこで、WiMAXが使われたのでした。自宅とインターネットをつなぐアクセス線として、使うわけです。携帯電話網を使うと低速かつ高額になってしまいますが、それよりはずっと速く、料金も低廉です。もちろん、有線の固定回線+Wi-Fiのほうがもっと高速、低廉ですが、そもそも有線回線を引きたくない人のニーズをすくうものでした。

よい技術だったと思いますが、大ブレイクにはいたりませんでした。それこそ、速度面では光ファイバなど固定回線に及びませんし、携帯電話の会社とは別に契約をしなければならないので、それも面倒でした。

なお、類似の技術にフェムトセルがあります。

セルは1つの無線基地局が管轄するエリアです。携帯電話網は電波が遠くまで届くのが特徴ですから、一つ一つのセルが大きいマクロセルです。ただし、セルの中に端末がたくさんあると混雑してつながりにくくなったり、通信速度が落ちたりするので、人口密集地ではセルの大きさを小さくしたマイクロセルやもっと小さいピコセルといった切り方をします。5Gはそもそも電波がさほど遠くまで届かないので自ずとマイクロセルやピコセルで構成されることになります。

MAN同様、厳密に「何メートルまで電波が届けばマイクロセルである」といった定義はないので、ざっくりした大きさのイメージだと考えてください。

そして、このピコセルよりももっと小さいものがフェムトセルです。フェムトは、キロやメガと同じＳＩ（国際単位系）の接頭辞で、10のマイナス15乗を表しています。0.001がミリ、0.000001がマイクロ、0.000000001がナノとやっていって、さらにピコ、フェムトと続きますから、とてもとても小さいことを表したネーミングです。セルのサイズでいうとWi-Fiと変わりません。設置場所もWi-Fiと同じで、基地局を家の中に置くものです。そして、Wi-Fiと同じく基地局の先は固定回線などを通じてインターネットへとつながっています。

ではWi-Fiと何が違うのでしょうか。携帯電話は（今のところ）電話を使うときは、携帯電話網を使って通信をしています。「電話」を名乗り、０９０や０８０の電話番号でサービスを提供するには、厳しい品質基準をクリアしなければなりません。

Wi-Fiはポテンシャルとしては携帯電話網より速くても、その先の有線回線がどんなものかはわかりません。有線部分がとんでもなく遅くて、電話とは呼べない代物になるかもしれないのです。

フェムトセルの場合は、宅内に置くといっても位置づけは携帯電話網の基地局ですから、設置した利用者の氏名・住所などが総務大臣へ届けられ、基地局の運用者となります。Wi-Fiよりずっと運用が厳格なのです。そのため、あくまでも携帯電話網の一部として使うことができます。言葉をかえれば、家の中にあるアンテナを使っているからといって、タダにはなりません。ちゃんと「何ギガ使ったぞ」とカウントされています。

WiMAXに転機が訪れたのは、2005年です。いい技術なのになあ、と思っていたWiMAXをモバイル通信に使う「モバイルWiMAX」規格がIEEEによって定められました。性能はWiMAXと同等ですが、時速100キロメートル以上で動いていてもつながり続ける、まさにモバイル機器のための技術になりました。

日本でモバイルWiMAXを提供している会社としてはUQコミュニケーションズがあって、2009年からサービスを展開している老舗(しにせ)です。このころから少しずつ、「携帯電話のサービスと比べると、つながる場所が限られているし、高速移動にも弱いけれど、安くて速い」ポジションを確立していきます。

その後、モバイルWiMAXの規格はさらに発展し、WiMAX2、WiMAX2.1が制定されていきます。商用サービスとしては、WiMAX2＋といったブランド名で提供されているので、使っている方も多いと思います。

WiMAXは発展し、洗練されていくなかで、技術的にはLTEに近いものになっていきました。使っている周波数や到達距離は違うものの、要素技術は似通っています。そして、とうとうWiMAX2.1はLTEの互換規格になりました。こうすることで、同じ端末でWiMAX網にもLTE網にも接続するような使い方が容易になりました。

WiMAX2.1 では、理論上は数百 Mbps の速度で通信をすることができます。契約の結びかたにもよりますが、ふだんはこれで通信をし、WiMAX がつながりにくいエリアでは回線をＬＴＥに切り替えたり、WiMAX とＬＴＥを同時利用したりすることで、５Ｇに匹敵するほどの通信速度を出すことも可能になっています。

第４章のツボ

スマホの爆発的普及で「秘密兵器」実装

４Ｇはおあずけ状態が長く続いた。なかなか登場しなくって、出てきたときにはみんなちょっと飽きてたかもしれない。秘密で終わった秘密兵器のようだ。

そのため、３Ｇの改良進化が長く続いてＬＴＥになった。スマホの市場が最も熱かった時期で、のんびり４Ｇを待つわけにいかなかったのである。

磨きに磨いたＬＴＥはほとんど４Ｇと言える代物になり、最終的には４Ｇと呼ばれた。

第5章

5G ——移動通信システムの「解放」

ようやく5Gにたどり着きました。先行している国では2018年から商用サービスが開始され、2020年代に世界各国で普及が進むと思われる技術です。

5Gは何が新しいのでしょうか？　第一世代移動通信から4Gまで歩んできて、かなりのことは達成されたようにも思えます。

CPUの速度が120％になったとか、ハードディスクの容量が1・5倍になったと聞いても、私たちはそこにもうあまり夢を見ることはありません。いまどきCPUの世代が変わったからパソコンを買い換えようと思う人はけっこうなマニアで、仕事に支障が出なければ壊れるまで使い続ける人も多いでしょう。スマートフォンでも、多くの人は「伝送速度が速くなっても関係ない」と同じ機種を今の回線のまま使い続けるようになるのでしょうか。

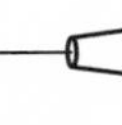

映像は有線から解放された

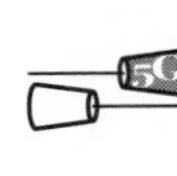

5Gで何に取り組めばいいのか、どう使えばいいのかを考えるときに、**MPEG**がヒントになるでしょう。

MPEGはISO（国際標準化機構）が定めている動画の標準規格で、MPEG1（1993年）→MPEG2（1995年）→MPEG4（1999年）と改良されてきました。

ＭＰＥＧ１はビデオＣＤなどで採用されました。映像、音声、保存とかなり広汎にわたる技術について定めた規格です。たとえば、ここから音声部分だけを切り出して使うこともでき、世代によってＭＰ１、ＭＰ２、ＭＰ３と呼ばれています。ＭＰ３（MPEG1 Audio Layer-3）を使って音楽を聴いたことがある人は多いと思います。

後継規格であるＭＰＥＧ２は、要素技術はかなりの部分でＭＰＥＧ１と重複しています。基本的には高画質での再生を目指した規格で、ＤＶＤやブルーレイディスク、ＨＤＴＶで使われています。ＭＰＥＧ２の音声規格であるＡＡＣで音楽を聴いたことがある人も、やはり多いのではないでしょうか。

さらに高画質を目指したＭＰＥＧ３が予定されていましたが、ＭＰＥＧ２で十分な高画質化が達成されたので、ＭＰＥＧ３は欠番になりました。

でも、ＭＰＥＧ４はあるのです。ＭＰＥＧ４は何が新しいのでしょうか？　とんでもなく高画質なのでしょうか？

たしかに高画質化の研究も進んでいるのですが、ＭＰＥＧ４の特徴として低ビットレート伝送下での使用に対応していることがあげられます。通信環境が悪くて回線が遅くても、それなりの画質で見ることができるわけです。

コンピュータの利用シーンが変化、多様化し、机の前に座って有線接続されたデスクトップパソコンばかりを使っていた時代は遠くに過ぎ去りました。いまでは、1日のなかで最も接触時間の長い端末はスマートフォンですし、パソコンにしてもノートパソコンを使うのが一般的です。外回りをすることが多いビジネスパーソンはこれを鞄に入れてカフェなどで仕事をしますし、デスクワーカーでさえ働き方の多様化に対応するために社内や取引先でノートパソコンを無線接続で利用しています。

TVで見る時代、デスクトップパソコンで見る時代、そのどちらも映像は机上に縛り付けられていました。インターネットや、スマートフォンなどの身につける端末の普及によって、映像はその軛（くびき）から脱したのです。

どこでも映像に触れられるように、高画質から軽量データへと、画像フォーマットに求められる力点も変化しました。

5Gが解放したもの

無線でも、同じことが起こっています。移動通信システムの名前が示しているように、このシステムは移動体通信を行うすべての端末のものです。しかし実態として、サービスインから今に至るまで、「端末」とは携帯電話、もしくはスマートフォンのことでした。携帯電話網は、フィーチャーフォンとスマートフォンのためにあったのです。

それがいま変わろうとしています。**IoT**（モノ同士のインターネット接続）に代表されるスマートフォン以外の機器が、移動通信システムを必要としています。センサー類は今でもインターネットを通じて、互いに通信を行っています。しかし、屋外に置かれるセンサーでは、そもそも「インターネットにつなぐ」こと自体がハードルが高いのです。屋外でケーブルを引き回すのは大変ですし、美観も損ねます。普及が進み多くの人が手軽に利用できるWi-Fiは、長距離通信をする規格ではありません。地球上を覆う携帯電話網をインターネットへのアクセス手段として利用できれば、ＩｏＴの活用や情報社会の高度化が容易になるのは間違いありません。

そのために登場したのが５Ｇです。５Ｇとは、移動通信システムをスマートフォン以外のものへ解放する役割を持っていると言っていいでしょう。

3Gと同じ体制で5Gも定まった

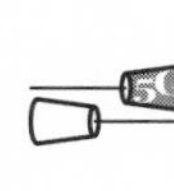

５Ｇの規格はＩＴＵが「５Ｇとはこういうものだ」と定めた要件を２０１５年に提示し、その要件を満たす具体的な技術仕様を３ＧＰＰが提案する形で進められました。３ＧＰＰの提案は将来を見越して常に更新され続けていますが、５Ｇに関する最初の提案はリリース15と呼ばれ２０

18年に発表されました。5Gの輪郭が明瞭に定まった瞬間です。

どの世代の通信システムでもそうですが、新しい技術仕様が自国で積み上げてきたインフラの形に沿うものかどうか（インフラの作り直しがどの程度になるのか）、自国企業の得意な技術や先行している技術で構成されているかどうかは、国家としての今後10年の競争力にかかわってきます。

グローバリゼーションが進行している現在、この決定が持つ重みはさらに大きなものになっていて、各国、各団体、各メーカーの思惑が複雑に絡み合う総力戦の様相を呈しています。5Gでシェアと主導権を握ろうとするファーウェイと欧米系企業の泥仕合は、端的に中国と米国の代理戦争になっています。

日本はこうした国際規格を自国に有利に持っていく力が弱いと常に指摘されてきましたが、移動体通信の分野ではがんばっています。5GではNTTドコモに所属する日本人技術者がワーキンググループの議長を務めるなど、引き続き存在感を示しました。

このリリース15をITUが承認して、IMT-2020勧告としたのです。この一連の流れは、3Gや4Gのときと同じ手順です。3GPP（3G Partnership Project）は名前が示す通り、3Gの仕様を検討するためのプロジェクト（各国の標準化団体が参加している。日本からは情報通信技術委員会と電波産業会）だったはずなのですが、結局ここが4Gの規格も5Gの規格も提案したことになります。

完璧とは言わないまでも、これまでのしくみがよく働いてきたからこそ、同じ体制で５Ｇを策定、実装、普及することができるようになっています。４Ｇまでの流れを見てもわかるように、各世代は断絶した規格や技術ではなく、前世代の遺産の良い部分を基盤として、そこに立脚することで堅実かつ飛躍的な進歩を遂げています。

高速化の要素技術も、安定接続の要素技術も、世代をまたがりつつ洗練の度合いを増していきます。

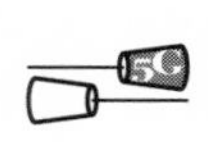

自動運転を可能にする「低遅延」

５Ｇに求められた主要な要件は、以下の通りです。

伝送速度　下りで20Gbps、上りで10Gbps
待ち時間　1ミリ秒
接続密度　1平方キロメートルあたり、1000000台伝送速度はいいでしょう。ものすごい速度ですが、世代が変わるごとに高速化、大容量化が極まるのは、ある意味でいつもの通りです。

問題は残りの2つです。5Gはここにフォーカスしています。

待ち時間は、5Gを説明するときに、「低遅延」のキーワードでさかんに言及されています。これは何でしょうか？　通信が高速であれば、当たり前のように遅延も小さくなる気がしますが、この2つは微妙に異なります。たとえば、一度通信が開始されれば100Mbpsで伝送できるけれども開始までに1秒待たされるシステムや、伝送速度は1Mbpsに過ぎないけれども、要求から0・1秒で通信をスタートできるシステムは存在します。

映画を配信するようなシステムでは、前者のほうがいいかもしれませんし、自動運転を制御するシステムであれば後者であるべきでしょう。事故を回避するために急ブレーキを指示するパケットを送信したとして、その伝送開始までに1秒待たされたくはありません。

3Gでは100ミリ秒、4Gでは50ミリ秒の遅延が許容されていましたが、5Gではこれが1ミリ秒にまで短縮されています。1000分の1秒ですから、生半可なことでは達成できません。

現実の商用サービスでも、4Gのときのように、高速化、大容量化が先行し、低遅延やこの後で説明する大量接続は順次投入され、段階的な進化が行われます。これが仕様通りに動作するようになれば、自動運転や遠隔医療など、高度な同時性が要求される用途に5Gが使えることになり、これらのシステムの普及に大きな役割を果たすことになるでしょう。

スマホ「以外」に通信を開く「多数同時接続」

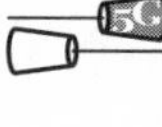

続いて接続密度は、5Gを語るときに「大量接続」や「多数同時接続」として出てくる用語です。仕様では1平方キロメートルあたり100万台の端末を接続できることになっており、4Gではこれが10万台でしたから10倍に増えたことになります。

私たちはCPUの速度やストレージの容量、伝送速度の急激な伸びに慣れてしまっているので、「ふーん、10倍か」と思ってしまいますが、無線通信で端末の収容数が10倍に拡大されるのは実はすごいことです。

そもそも、1平方キロメートルあたりで100万台を収容する必要は、収容する端末がスマートフォンだと考えるのであれば、ないのです。オリンピックでごった返す新国立競技場を含む地域であっても、100万台の同時接続はいらないでしょう。それでもここまでやるのは、5Gがスマートフォンだけのネットワークではないことが明瞭に意識されているからです。

たとえば、農業の高度化を推し進めるために、人手による見守りではなくセンサー類を設置するとき、田畑まで有線ケーブルを敷設することは現実的ではありません。Wi-Fiを活用するのは悪くないアイデアですが、見通しのきく場所でも200mほどしか飛ばない技術です（第3章を参照）。

いままでセンサー化や情報化を諦めていた場所や分野、ビジネスシナリオにも、5Gを使えば、その波を及ぼすことができるかもしれません。その場合、高速大容量化よりも、むしろ低遅延や多数同時接続が、普及促進のキーになると考えられます。

また、電力効率や給電方法も「スマートフォン以外」の利用促進には不可欠の技術です。スマートフォンはそれなりの体積があり、高性能なバッテリーを搭載することが可能です。何よりも、利用者が労をとって無償で充電行為に勤しんでくれます。機器を作るメーカーの視点で見ると、とても有り難い通信機器なのです。

しかし、5Gで利用促進を企図するIoT機器、とりわけ小型のセンサー類は優秀なバッテリーを積むスペースもコストもありません。充電のためのしくみさえ十分ではないでしょう。ボタン電池で稼働するようなことも考慮に入れなければなりません。多数同時接続に付随して、必ず考えなければならない要素と言えます。

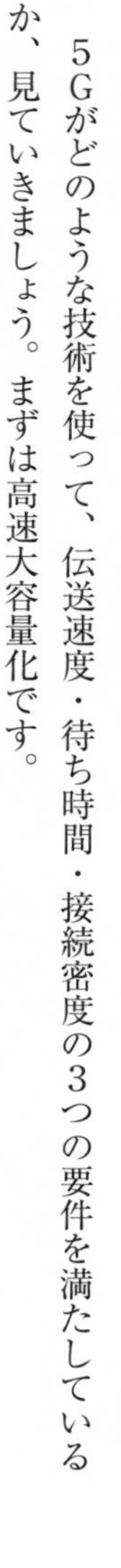

「高速」と「大容量」をどうやって両立するか

5Gがどのような技術を使って、伝送速度・待ち時間・接続密度の3つの要件を満たしているか、見ていきましょう。まずは高速大容量化です。

「高速大容量」は5Gのキーワードになっていますが、高速と大容量はどう違うのでしょうか。マーケティング的にはほとんど同じ意味で使っていると思います。大容量は一度に伝送できる情報量が大きいことです。であれば、そのまま高速になるはずですが、一度に伝送できる情報量が大きくても、伝送サイクルが間延びしているシステムもあります。

反対に、一度に伝送できる情報量が小さくても、伝送サイクルが小刻みであれば、高速な通信は可能です。5Gはどちらも追求しているわけです。

4Gまででも、あの手この手を使って高速通信を実現してきました。5Gが目をつけたのは、高周波数帯でした。

高周波数帯のメリット「余裕がある」

電波を周波数で分けるときは、図5－1のように分類するのが一般的です。5Gでは、従来通信にはあまり使われてこなかったミリ波を使用することに特徴があります。ほかにもSub6と呼ばれる6GHz未満のセンチ波（4Gより少し高い周波数帯）も併用します。

この区分けには出てきていませんが、通信分野ではマイクロ波という言い方もします。マイクロ波は使う主体によって定義が曖昧ですが、通信分野においてはおおむねセンチ波領域のことを指します。

電波を通信に使う場合、高周波であることは大きなメリットです。ここまでにも述べてきましたが、波形の1サイクルが情報を表すのであれば、周波数の高いほうが短い時間に多くの情報を詰め込むことができます（図5－2）。

また、高周波数帯は、これまであまり使われてこなかった周波数帯です。そのため、低周波数帯に比べると、資源としての余裕があります。

低周波数帯は逼迫しているので、移動通信システムのために周波数を割り当てることがあまり

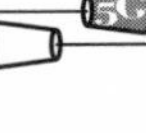

できませんが、高周波数帯であれば広い帯域を割り当てることが可能です。広い帯域の利用が許可されることは、異なる周波数の電波を同時にいくつも送受信できることを意味しますから、この点でも高速な通信を行う余地が大きくなります。

情報量	到達性	直進性	波長	周波数	名称
多い	低い	強い	1mm	300GHz	ミリ波
			1cm	30GHz	センチ波
			10cm	3GHz	極超短波（UHF）
			1m	300MHz	超短波（VHF）
			10m	30MHz	短波
			100m	3MHz	中波
			1km	300kHz	長波
			10km	30kHz	超長波
少ない	高い	弱い	100km	3kHz	

図5-1　電波の分類（再掲）

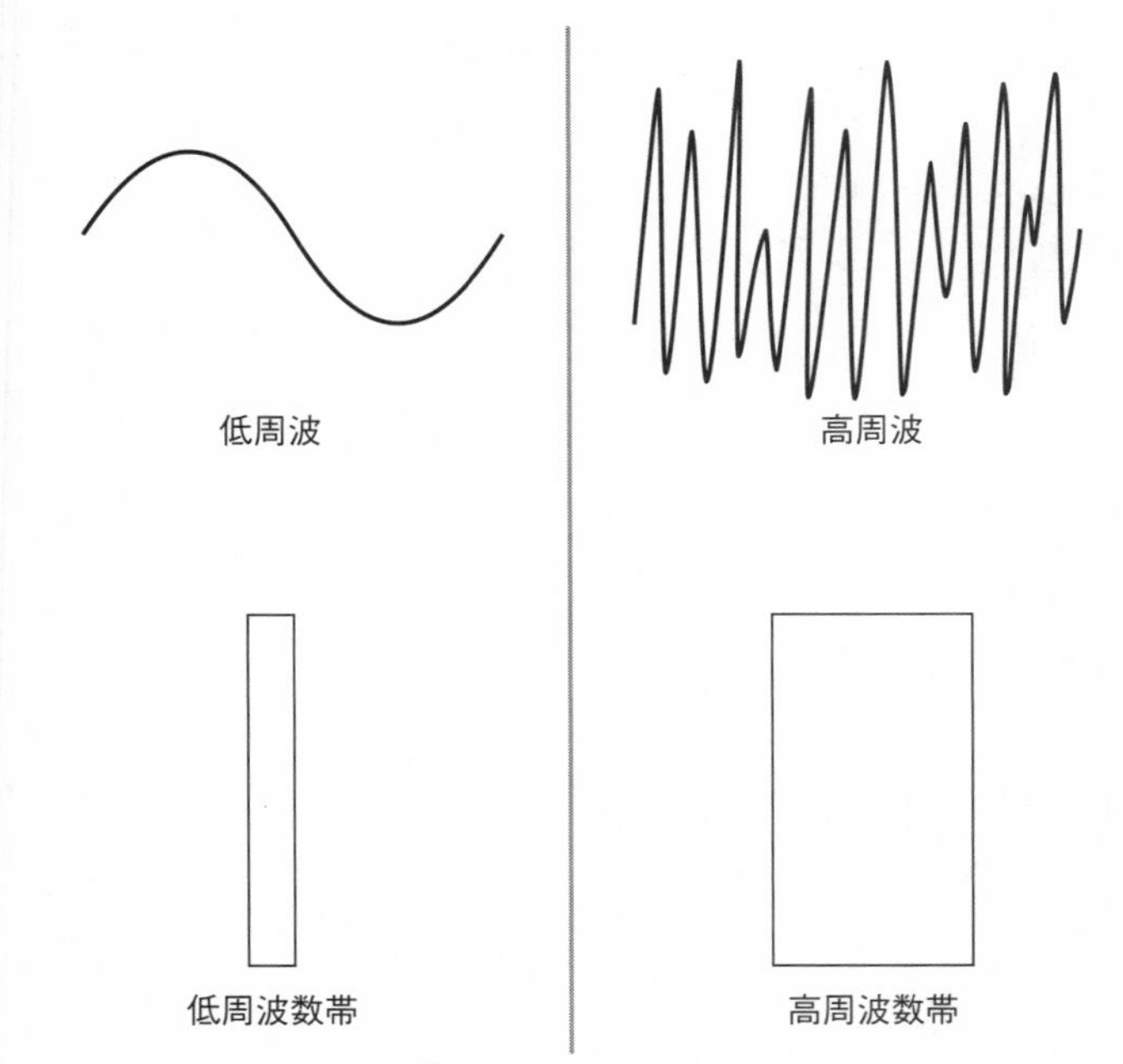

図5-2　周波数帯のイメージ

現実の規格でも、４Gまでの移動通信システムでは、３・６GHz以下の周波数しか使っていなかったのが、５Gでは１００GHzまでを視野に入れて技術開発をすることになりました。ミリ波で高速性を手に入れつつ、Ｓｕｂ６も使うことで手堅さも堅持しようという戦略です。

５Gの黎明期において、特に注目が集まっているのが25～40GHz帯です。未開の広大な周波数帯を活用することで、４Gでは基本帯域幅20MHzだったのが、５Gの基本帯域幅は４００MHzに拡張されています。これだけの幅の利用が許可されれば、同時通信の容量が大きくなるのは道理です。

高周波数帯のデメリット「遠くまで届かない」

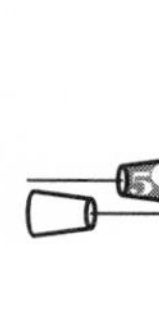

でも、こんなに利点のある高周波数帯が、これまであまり使われてこなかったのには理由があります。そうでなければ、すでにこの周波数帯も使い尽くされてきたはずです。何が問題だったのでしょうか？

電波の基本的な特性として、高周波になるほど散乱しやすく、遠くまで届かないことがあげられます。電波通信はたいていの場合、遠くまで届いて欲しいものなので、比較的低い周波数の電波が使われてきたわけです。

これを回避するためには、アンテナの数を増やしたり、送出する電波の強度を高めたりしなければなりません。

アンテナを増やすならば、移動体通信事業者にとって、現状の無線基地局の維持だけでも大変なのに、さらに多くの無線基地局の増設を余儀なくされます。

一方、電波の強度を高めると、それだけ電力の消費量も大きくなります。スマートフォンにとってバッテリーの持ちは大きな課題ですが、これに悪影響を及ぼす可能性があるのです。

また、高い周波数には直進性が強いという特徴もあります。これは通信で使う場合、障害物があると、そこで遮(さえぎ)られてしまうことを意味します。低い周波数の電波は、回り込んでくれるので、障害物があってもよく届くのです。

4Gのところで、直接アンテナに届いた電波と、どこかに反射して(同じ電波が)遅れて届く現象のお話をしました。この場合はノイズになってしまうのですが、反射してでも届いてくれることは、メリットにもなるわけです。

5Gが使う帯域の場合、「基地局のアンテナが目視できる範囲でないと通信できない」とも言われていました。ミリ波というのはもうちょっと周波数が高くなると赤外線や可視光になっていく領域ですから、性質がこれらに近づいていくと理解しても構いません。要するに、他のものに遮られるなどして見えなければ、届きません。

多数の利用者がさまざまな状況でスマートフォンを使ったとして、そのスマートフォンからアンテナが見える状態を維持するのは大変なことですが、移動体通信事業者はこれをやろうとしています。もちろん、Ｓｕｂ６を併用するのも接続性をよくするための対策の１つです。Ｓｕｂ６には既存の技術を応用しやすいという利点もあります。

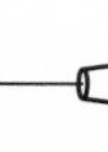

基地局のカバーエリアを小さくする

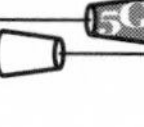

高周波数帯を使うのでなくても、１つのアンテナが管轄する範囲を小さくすることには、メリットがありました。第３章で説明したWi-Fiによるデータオフロードがそうです。Wi-Fiは障害物のある環境では１００ｍほどしか電波が飛ばず（１つのアンテナが管轄する範囲が小さい）、移動体通信には不向きな技術ですが、エリアが小さいからこそ管轄下の端末が少なく、快適な通信環境を維持しやすいのでした。

ＬＴＥも実は同じことをしています。移動通信システムの無線基地局は、一般的には「**マクロセル**」といって、半径十数キロメートルほどのエリアを管轄します。広大なエリアを持つからこそ、全国に電波網を展開しやすく、移動していても途切れることなく通信できるのです。

しかし、世界的な通信量の増大に対応するために、都市部や利用者の密集地で、半径数百メートルしか管轄しない、**「スモールセル」**が作られました。これであれば、同一エリア内の利用者数を少なくすることができますから、エリア内通信量を抑制できます。一度基地局に届いてしまえば、そこから先は有線ケーブルで伝送が行われるので、無線の台所事情から考えれば青天井に近い通信容量を確保することができます。

もちろん、多数の基地局を作るための費用増加や、隣のセルとの間で電波干渉が生じるかもしれない場所が増大するなど、いいことばかりではありませんが、大容量通信をするならばそれを上回るメリットがあります。

5Gではこのスモールセルが主役化するわけです。LTEでのスモールセルは、あくまでも利用者が密集して通信が混雑する場所や、遮蔽物などが多くてマクロセルの電波が届きにくい場所を補完する意味合いが強かったのですが、ミリ波を限られた出力内で使うのであれば、そもそも長距離は飛ばないので必然的にスモールセルになります。

直進性の問題も、スモールセルであればアンテナは近くにありますから、端末から見通しのきく場所にアンテナがある確率が高まります。3GPPの議論では、スモールセルにおける基地局の収容場所として、信号機や街路灯、看板が検討されていました。実際に商用サービスが始まったいま、電柱やビルの屋上、公園などで5Gのアンテナを見ることができます（写真5－1）。

写真5-1　ビルの外壁につけられた5Gの基地局アンテナ
写真：ロイター／アフロ

同時につなぐための技術も洗練された

スモールセルであれば、１つの基地局がカバーするエリアはそもそも小さいので、エリア内の混雑を緩和することができますが、そこへさらにＭＩＭＯ（１２３ページ）と電波に指向性を持たせるビームフォーミング（次ページ）を適用することで、同じ時間に同じ周波数帯を使って、多数の端末と同時通信をします。１台に１つのビームが割り当てられる場合、端末―基地局間の伝送速度は向上しませんが、エリア内通信量の総和を大きく引き上げることができます。

ＭＩＭＯもビームフォーミングも、これまでの世代で研究され、採用もされてきた技術ですが、５Ｇではこれがさらに洗練されています。５Ｇの

ＭＩＭＯはMassive MIMOと呼ばれます。４GでのＭＩＭＯは４×４、８×８といった水準でしたが、Massive MIMOでは数十～数百のアンテナ素子を使って、通信します。

シングルユーザのＭＩＭＯのように、基地局と端末の間で１００のストリームを作って通信速度を上げるわけではありません。スマートフォンに１００個のアンテナ素子を内蔵することは、現時点では不可能です。

基地局側の多数のアンテナ素子が、それぞれ異なる端末と並行して通信を行うマルチユーザＭＩＭＯになるわけです。もちろん、ストリームに余裕があって、端末にその能力があれば、ストリームのいくつかを1台の端末が占めることも可能です。

干渉を少なくするためのビームフォーミングも重要です。これも４Gに比べると、高度化しています。アンテナ素子数が増えていますから、電波が形成するビームをより細く、狭くすることができます。細くなって放出された電波は、向けられた方向へより遠くまで届くようになりますので、高周波数帯の電波の弱点である減衰を、ある程度補うことができます。

また、細くなったことで他のビームと重なる度合いを小さくできますから、干渉を抑制できます。

ただし、指向性が高まっているということは、電波の届く範囲が局所化されているということでもあります。だから、通信相手である端末を見つけたり、それを持った利用者が歩いたり車に乗ったりしているときに追跡するビームトラッキングの技術や、そこへ正確に指向して電波を発するビームステアリングの技術が重要になります。

まずは４Gと連携

５ＧもＬＴＥ同様に、少しずつ進歩していくことが見込まれています。たとえば、各移動体通信事業者は、サービス開始時点では高速大容量に的を絞って通信システムや端末を作り込んできています。これが需要の変化や技術の進展に伴って、低遅延や同時多数接続へと広がっていくでしょう。

また、サービス開始段階では、多くの事業者が４Ｇの通信システムを組み合わせる形で５Ｇサービスを展開しています。制御信号を５Ｇ設備で処理するシステムを**スタンドアロン**といいますが、４Ｇと組み合わせる非スタンドアロンでシステムを作ったのです。

これは、既存資産を使うことで、迅速に製品化できること、遠くまで届く４Ｇの電波特性を利用して、通話の開始や終了といった制御信号を４Ｇで、通話確立後のデータを５Ｇでやり取りすることで安定した通信を提供できることが理由です。

５Ｇがカバーする範囲は、最初は都市部だけですから、５Ｇの電波が届かない範囲ではそのまま4Gでデータ伝送をすることもできます。また、4Gと5Gで同時通信をすることで伝送速度を最大化する**デュアルコネクティビティ**を利用することも可能です。4Gがデビューしたときも、4Gがまだカバーしていないエリアに入ったときは3Gに切り替わるなど、4Gと3Gが連携していましたが、連携の度合いが深化したと言えます。

もちろん、低遅延や多数同時接続といった5Gの特性を最大限に引き出すためには、5Gをスタンドアロンで動かしたほうがいいのですが、現状に鑑（かんが）みると少しずつ進んでいくことになるでしょう。

最小送信単位が4分の1に

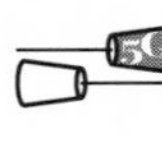

低遅延を実現するための技術はどうでしょうか。これは、有線通信でもそうですが、一度に送る情報を小さくすることで、遅延を小さくできることが昔から知られています。まとめて送ることができる情報量を送信単位（インターネットでいうパケットやフレーム）といいますが、これをどのくらいにするかは悩ましいところです。

情報を伝達するとき、送信→受信→復号→処理のサイクルが走ります。無線通信であれば、受信と復号の間に復調が入るでしょう。送信そのもの、復号そのものにかかる時間の他に、たとえば送信を始めるための準備時間、復号の後始末をするための時間もかかります。こうした、直接の目的以外のことに費やす時間を**オーバヘッド**といい、短縮すべき時間の筆頭です。

オーバヘッドを減らすことを考えるならば、どーんとたくさんの情報を送って、一気に処理したほうがいいかもしれません。でも、あまり大きくし過ぎると、伝送路の占有時間が長くなりますし、処理が始まると速いけれども、なかなか処理が始まらないといった弊害が出てきます。インターネットの通信規約であるＩＰでは、パケットの長さは64ｋバイトを最大として、自由に設定できるようになっています。しかし、64ｋバイトで使うことはありません。

移動通信システムにおける最小送信単位（ＴＴＩ：Transmission Time Interval）は３Ｇで10ミリ秒、４Ｇで１ミリ秒でした。５Ｇではこれを０・２５ミリ秒と、４Ｇの４分の１にしています。

図５－３で見比べても、最初の情報を受け取ってから、最初の処理が動き出すまでの時間が短いことが見て取れると思います。

無線部分「以外」をどう高速化するか

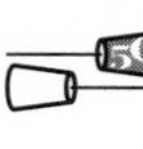

また、「低遅延」の意味をどう解釈するかにもよりますが、各種のシステムを作るときに重要

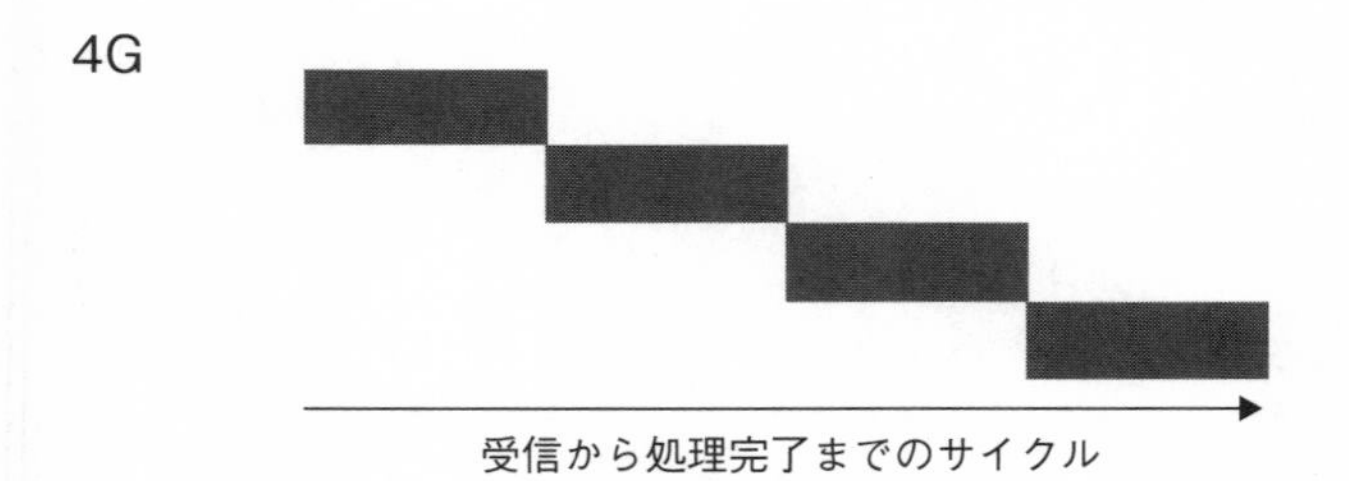

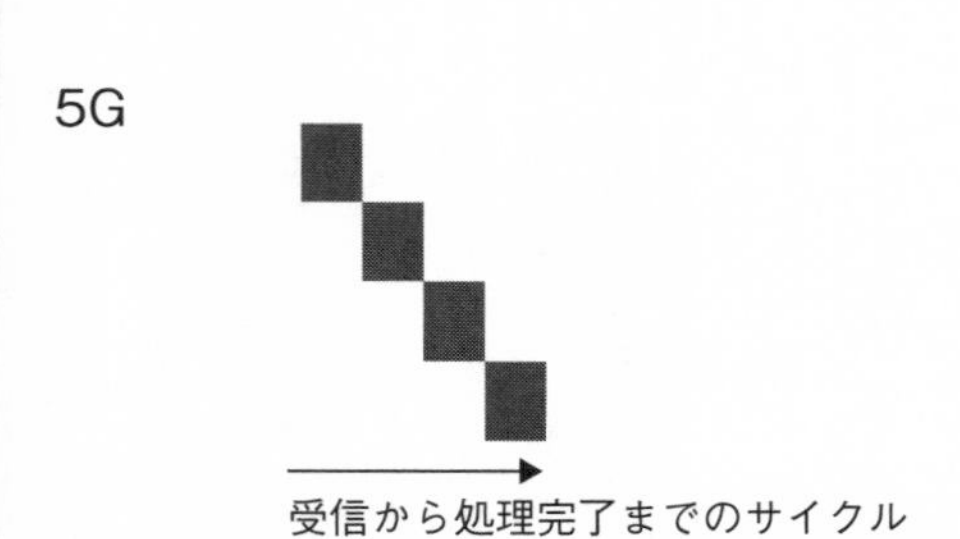

図5-3　4Gと5Gの速さの違い

なのは、ネットワークに対して何かリクエストを行い、それに対して応答が返ってくるまでの時間です。であれば、低遅延の実現は単に無線の技術を向上させればなし遂げられるものではありません。

世界のどこかのサーバと通信するとして、無線通信が担当する範囲は、手元の端末と基地局の間だけであり、5Gのスモールセルではたかだか数百メートル~数キロメートルでしかありません。その先にある長大な有線通信部分や、通信を受け取って処理を行うコンピュータの高速化がきわめて重要です。

それは5Gのシステム側だけで実現できるものでも、一朝一夕に達成できるものでもありませんが、移動体通信事業者が行っている対策の1つにエッジコンピューティングがあります。

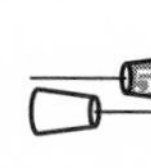

クラウド処理ではデータが長距離移動する

近年のコンピュータ利用形態として、**クラウドコンピューティング**が大ブレイクしました。インターネットのどこかに大量のサーバが配置され、処理はそこで行われ、結果が手元に返ってくる形式です。

今まで、コンピュータに行わせるべき処理は、手元にあるコンピュータで行うのが当たり前でした。発電機が電気を生む機械だとしたら、コンピュータは演算能力を生む機械です。手元にそれを置いて、生みだし、消費するのです。

でも、発電機を手元に置くことには無駄もあります。メンテナンスも、機械の更新も大変ですし、規模の経済が働くので、たくさん集めて大規模な発電所を作ったほうが安く確実に電気を生みだしつづけることができます。

コンピュータも同じです。大規模なデータセンターを作って、高性能機をがんがん回したほうが効率よく演算能力を生み出せます。

データセンターであれば、電源やセキュリティ、バックアップ、冷却の確保にも潤沢な資源を投下できます。たくさんの人が利用し、夜中も使い続ける人や海外から使う人もいるので、遊休時間を小さくできます。必要なときだけたくさん演算能力を買うことも、いらなくなったら購入する演算能力を減らすことも、とても柔軟に行えます。

クラウドコンピューティングを導入すると、手元の端末には最低限の機能だけを残して、コア機能はデータセンターでやってもらう形式になります（図5－4）。このとき、データが伝送される距離は長くなります。

「劇的に効く」エッジコンピューティング

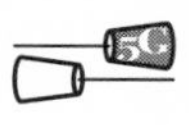

コンピュータを大量配置してそこにデータを集中させ、物量にものをいわせてがんがん処理する。結果的に高性能も低コストもついてくる。これはクラウドコンピューティングの肝ですが、手元の端末とデータセンターの間に大量の通信が流れて、トラフィック量を増大させるのがデメ

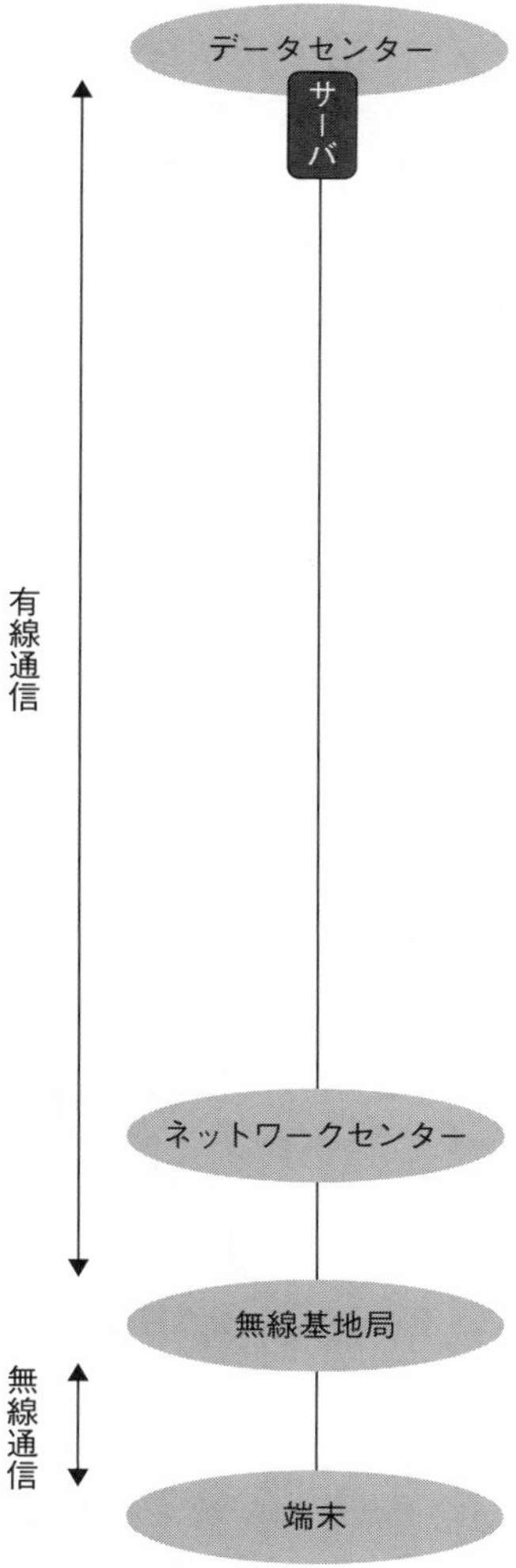

データセンター
サーバ
ネットワークセンター
無線基地局
端末
有線通信
無線通信

図5-4　クラウドコンピューティング

リットです。もちろん遅延も起こります。

そこで、5Gに限らず、手元の端末に近いところにデータを処理してくれるサーバを配置する考え方が広まっています。これを**エッジコンピューティング**といいます。世界に広がる広大なネットワークのふち（エッジ）に、自分の相手をしてくれるサーバを置くので、こう表現するのです。ふちに置かれるサーバはエッジサーバです（図5－5）。

距離を短くするなんて、小学生でも考えつきそうな単純な手段で、そんなに効果があるもので

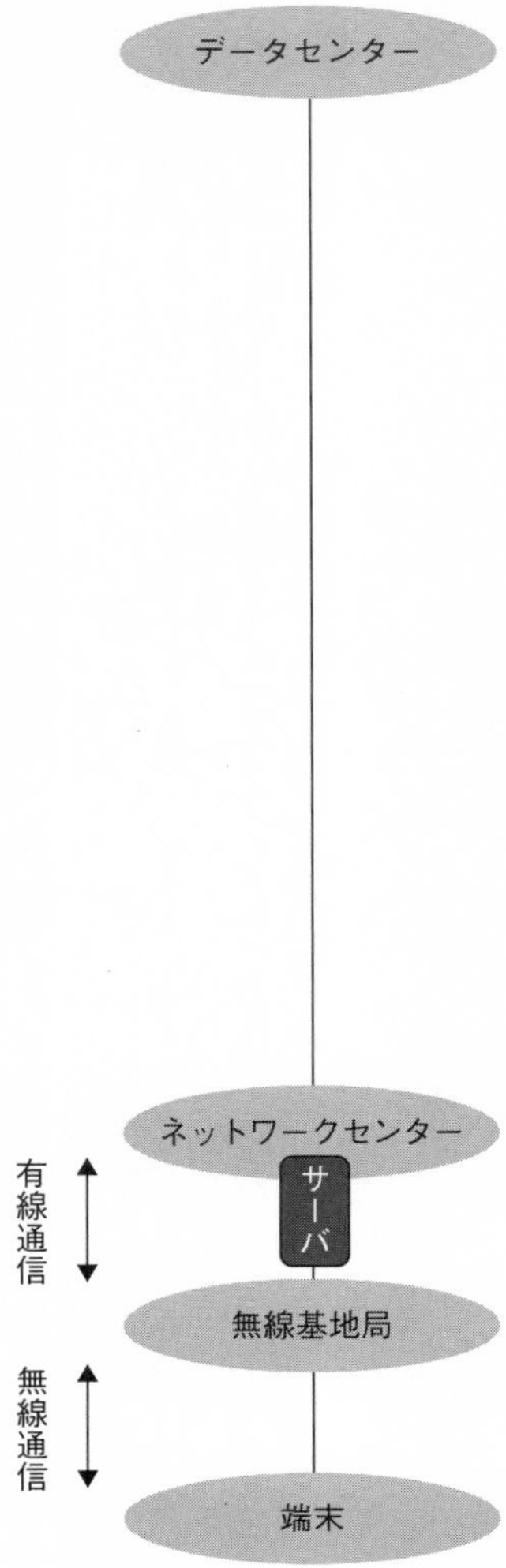

図5-5　エッジコンピューティング

しょうか？

劇的に効きます。伝送経路が短くなるのはもちろんですが、長い距離の伝送をすれば、間にたって中継をする機械がどんどん増えていきます。これが少しずつ少しずつオーバヘッドを増大させていきます。「速く伝えたいから、近くに置く」は、シンプルですが絶大な効果を発揮する遅延対策です。

情報システムに、ハイ・フリクエンシ・トレーディング（ＨＦＴ：High-Frequency Trading）という分野があります。株式などを１０００分の１秒単位で取引する、超高速・超高頻度取引を行うためのシステムが研究され、作られています。１０００分の１秒の伝送遅延が莫大な損失を招くかもしれないので、遅延させないためにあらゆる手段を用います。ケーブル長を１センチでも短くしたいがために、証券取引所の近くに自前のデータセンターを設置する証券会社すらあります。

インターネットでもそうです。YouTubeやNetflixの動画配信、プレイステーションのゲーム配信、ウィンドウズアップデートの配信を受けるとき、私たちは彼らのオリジナルサーバからデータを受け取っているわけではありません。クラウドフロントやアカマイといったサービスが、世界的なネットワークを張り巡らし（ＣＤＮ：Content Delivery Network）、利用者に極力近いサーバから配信をしています。ＣＤＮはエッジコンピューティングの一例と言えるでしょう。

５Ｇでもこの手法が援用されているわけです。単純ですが、確実に低遅延を実現できる技術です。

接続先はセンサーネットワーク

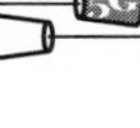

多数同時接続はどうでしょうか。これを考えるときには、何を多数同時に接続したいのかを明らかにする必要があります。

スマートフォンを同じエリア内でもっと接続したいのであれば、それに応じた技術開発をする必要があります。たくさんのスマホをエリア内で管轄できれば便利ですから、それは１つの方向性です。

しかし、少なくとも５Ｇにおいては、スモールセルによってエリアが小さく抑えられていますし、それをベースにインフラを構築しているので、そんなにたくさんのスマホの同時通信を考えなくてもよいのです。この技術を磨くことは大事ですが、喫緊の課題ではありません。

では、ここで言う多数同時は何をつなぎたいのでしょうか？　それがＩｏＴのセンサー群だと言われています。

たしかにＩｏＴの分野では、年間で１兆単位のセンサーを設置するトリリオンセンサー構想などがありました。いま、センサーが収集したデータを伝送するためのネットワークは、さまざまなものが使われています。有線もWi-FiもBluetoothも有望ですが、一長一短があり群雄割拠の様相を呈しています。5Gがセンサーとの通信用途に使えれば、これまでは無理だと考えられてきた広大な範囲を覆う**センサーネットワーク**が、低コストかつ柔軟に敷設できるでしょう。

ただ、今後どのくらいの速度でセンサーネットワークの普及が進むかは未知数です。進むこと自体は間違いないでしょうが、センサーを敷設する側も、どのくらいのコストで敷設できるのか、費用対効果は受容水準内かを様子見している段階です。

5Gの同時多数接続は、センサー利用者側からの強烈な要望で5Gに盛り込まれたわけではなく、通信事業者側も需要に確信があって盛り込んだわけでもありません。

「単に高速大容量だけでは目新しさがないし、次の技術でできることはなんだろう……低遅延と同時多数接続かな。たしかにそのあたりの領域は、IoTやAIで求められるだろうしな。自動運転とか、遠隔医療とか。うんそうだよ、これでいこう！」

本当にそんな会話があったわけではありませんが、それを予想させる供給側と需要側の複雑な腹の探り合いからまろび出てきた印象があります。高速大容量の説明でも述べましたが、商用サービスも最初は高速性と大容量性に焦点を当ててマーケティングをしています。そのため、低遅延や同時多数接続のメリットの強調や、サービスメニューの拡充はじわじわ進んでいくことになるでしょう。

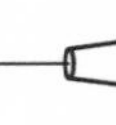

「あえて低速」で電池が10年もつ

同時多数接続の主要な接続相手がセンサーであるならば、スマートフォンを接続するのとはまったく違った技術開発のアプローチが求められます。最も高いハードルになるのは電力供給でしょう。本章の前半でも述べましたが、センサーの多くは電力の供給環境に恵まれていません。逆に、潤沢に電力が使える環境に設置されるセンサーは、移動通信システムを使わなくても有線通信やWi-Fiを使ってデータの送受信が行えるでしょう。

広域に電波が飛ぶ移動通信システムを是非とも使ってセンサーを設置したい場所は、市街地の屋外をはじめ、田畑や山林になるでしょう。電力線を引くのが難しかったり、美観を損ねるからやめてくれと言われたりする場所です。多くは小型のバッテリーを搭載することになると思われます。

バッテリー交換の手間はばかになりませんから、いかに電力消費を少なくするかがポイントになります。一番簡単なのは、あまり電波を飛ばさず、低速通信をすることです。

第一世代移動通信から4Gまで、階段を駆け上がるように高速大容量化の道を突き進んでいた

のに逆行するようですが、センサーにスマートフォンと同じ頻度や容量での通信は必要ありませんし、できません。まず何よりも電池が持たないのです。

そこで、５Ｇではあえて帯域を狭くした通信規格が盛り込まれました。実はＬＴＥでも、同様の決めごとはあったのです。この分野は**ＬＰＷＡ**（Low Power Wide Area）通信といって、自然環境測定、防災、防犯、スマートメーター、インフラの状態検知などで今後の成長が期待されています。ＬＴＥの場合はLTE-M（LTE for Machine-type-communication）という名称で、１・４MHzの帯域幅で上り下りとも1Mbpsの通信をする規格が作られました。ＬＴＥや４Ｇのスマホと比較するととてもゆっくりした通信速度ですが、これでも他のＬＰＷＡ技術と比べると高速なほうです。

理屈の上では、１週間に1度、１キロバイトのデータを送信するだけならば、単三電池２本をバッテリーとして10年稼働させることができると考えられています。

５Ｇでは既存のLTE-MやNB-IoT（Narrow Band IoT）を取り込みつつ、さらにこの分野が拡張されていきます。特に製造業などでの活用が期待されています。

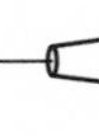

通信資源を合理的に割り当てる

通信速度を遅くするだけでなく、通信（管理用の通信）量を減らすことも重要です。受信機を常に待ち受け状態にするのではなく、自分に割り当てられた受信タイミング（タイムスロット）のときだけ電源をオンにする間欠受信を行うことで電力を節約します。

送信も同じで、もっとバッテリーに余裕のある電話でも、声を出していないときは送信機の電源をオフにできるVOX制御を行います。

スマートフォンは通話やデータ通信をしていないときでも、頻繁に電波を送受信しています。着信検知や位置情報の取得のためです。機種によって異なりますが、たとえばある機種では1秒サイクルで0・1ミリ秒程度の通信をしているとしましょう。

スマートフォンでも電力消費を減らすのは大きな課題の1つなので、これでも減らしているほうです。1秒ごとと言われると多く感じますが、1回が0・1ミリ秒だとしたら1時間で1秒も通信していないことになります。

でも、IoT機器がこの頻度で通信を行ったら、あっという間にバッテリーを消費します。たとえばNB-IoTでは間欠受信の間隔を数時間単位に拡張して、低電力を追求しています。電池

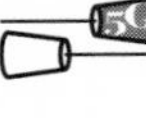

の性能と使い方にもよりますが、５年以上持たせることを目標にした研究も進んでいます。設置場所が屋外なら、太陽電池を使った長期間稼働も可能でしょう。

５Ｇは多数かつ多様な端末が大量に共存する環境であるため、それぞれの端末で最適なネットワークのあり方が異なります。これに対応するために、仮想的にネットワークを細分化できるのも５Ｇの特徴です。

各端末の用途に応じて、高速性を追求するグループ、低遅延を追求するグループ、低速で遅延も大きくていいグループなどにわけて運用するのです。こうすることで、たとえばゆっくり通信すればいいＩｏＴ機器に大きな通信資源を割り当てるような無駄をしなくてすみます。これを**ネットワークスライシング**といいます。

家庭用ルータにもＱｏＳといって、動画にまつわる通信は優先度を高くする、それ以外は少し後回しにしてもいい、などの機能が盛り込まれていますが、同じ発想です。

多種多様な使い方をもっと追求すると、**ローカル５Ｇ**になります。これは、通信事業者でない一般の企業や自治体が、独自に運営する５Ｇシステムです。もちろん、Wi-Fiとは違い、勝手に設置してよいわけではなく免許制ですが、それぞれの業態や各社の都合にあわせて５Ｇの技術を使った無線通信システムを構築することができます。

許可されるエリアは局所的とはいえ、Wi-Fiでカバーできる範囲よりずっと広くなりますので、工場や農地、スポーツ施設、テーマパークなどでの活用が期待されています。

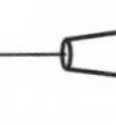

「線」をどこまで排除できるか

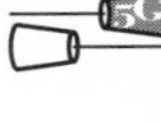

5Gの規格には含まれていませんが、将来的には**無線給電**の技術が発展するでしょう。きわめて旺盛な需要が見込める分野です。

もともと、「線」はとても嫌われ者でした。コンピュータの発展の歴史は、有線を無線化していく歴史でもありました。キーボードやマウスを接続していたケーブルはBluetoothに置き換えられましたし、とぐろを巻く有線LANケーブル（イーサネットケーブル）はWi-Fiに置き換えられました。

リビングをすっきり整理する上でも、オフィスを自由に動き回る上でも、無線化のメリットは大きかったのです。

今は少なくなってしまいましたが、電力線通信（PLC：Power Line Communication）は、電気のコンセントに取り付けて情報通信をする（電力線を通信のケーブルとしても使う）試みでした。USB Power Deliveryは、あらゆる場面で使われているUSBケーブルを電力線として使う試みです。Power over Ethernet（PoE）は有線LANケーブルで電力も供給することで、通信機器の「線」を減らし、狭い場所などに設置しやすくしています。

これを突き詰めると、無線給電に行き着くことになります。家庭やオフィスに最後までしつこく残り続けている「線」である電力線をなくすわけです。

実際、給電効率はよくないものの、ワイヤレス給電は少しずつ浸透してきています。

水気のあるところで使用する電動シェーバーや電動歯ブラシでは、当たり前のように使われていますし、金属の接触によって火花や金属粉が飛ぶことを嫌う工場でも導入が進んでいます。Suicaの I Cチップが電池を搭載せずに動作するのも、リーダライタから給電されるからです。

Q i（チー）というワイヤレス給電の規格はかなり一般化してきていて、対応するスマートフォンをお持ちの方も多いと思います。スマートフォンも繰り返し使うものですから、利便性も高まりますし、給電でコネクタを破損させる事故も防げます。今後は大電力用途にも使われていくことになるでしょう。

I o Tこそは、無線給電が最も適している分野の1つでしょう。先に述べたような理由により、電力線を敷設するのが難しい場所に設置されることも多く、できればバッテリー交換などの手間も省きたいところです。

電力さえ供給できれば、電力源はなんでもいいのです。移動通信システム側が電波で供給するようになるかもしれませんが、光や熱、振動など、自分のエネルギーに変換できるものは、なんでも可能性が追求されていくでしょう。

置かれた環境から電力を得ていくことをエナジーハーベスティング（電力の収穫）といいます。6Gを考える上で重要な技術になるかもしれません。

コラム5　6Gに必要な7つめの要件

6Gの検討が始まっています。

こう書くと、なんだか奇妙に思えます。5Gでさえ、まだ十分に普及したとは言えず、そのゆくえさえ不分明であるのに、もう次の世代の話をするのかと。

するのです。

来年の話をすると鬼が笑うと言いますが、いつだって爆笑しているのが技術業界です。技術開発には時間がかかりますから、今取り組んでいる技術が完成しないうちから、次の世代では何をしよう、そのさらに次ではこうしようと考えています。やっているほうも商売ですから、小出しにしないと食いっぱぐれる懸念もありますし。

もっとも、移動通信システムの場合は、出し惜しみをすることはまずありません。まだ（他の枯れた技術に比べると）若い分野で、性能向上の余地が大きいですし、巨大なインフラなので、１つの世代の技術を提供してから普及し、円熟期を迎えるまでにおおむね10年ほどの時間がかかります。出し惜しみしていたら、その取っておきのアイデアを次に披露できる機会は、10年先になってしまうかもしれません。

とはいえ、さすがに国際標準規格はドラフト（草稿）段階のものも出てきていません。国内だと、ＮＴＴドコモやソフトバンクがコンセプトを世に問い始めた段階です。

たとえば、ＮＴＴドコモは６Ｇのコンセプトとして次のような要素をあげています。

・**超高速・大容量通信**

これは、いつものやつですね。

・**超低遅延**

５Ｇで見ました。

・**超多接続＆センシング**

既視感があります。

・**超低消費電力・低コスト化**

同じくです。

・**超高信頼通信**

信頼度99.9999%と書かれています。

・**超カバレッジ拡張**

公海や宇宙でも通信できるとされています。

取りあえず「超」のつく要素を6つあげて6Gをアピールしたように見えます。コンセプト段階ですから、妄想するなら今が一番楽しい季節というか、一番無責任なことが言える時期なので、もっと派手なアドバルーンをあげてもいい気がしますが、実現できそうなところを突いてくるのがNTTグループの責任感でしょうか。

5Gと比べると、超高信頼通信と超カバレッジ拡張が差別化要素です。信頼性は高いほうがいいし、通信可能エリアも広いほうがいいので、これも各世代で必ず言うことではあるのですが、99.9999%というのは地味にすごいです。

信頼性界隈（かいわい）では、よくファイブナインという用語が出てきます。99.999%のことです。基幹インフラや命に関わるような業務で求められる可用性のことで、サービスすべき時間のうち99.999%の時間帯で実際に動作していることを表します。

直感的にはわかりにくいですが、たとえば24時間365日の稼働を求められる不眠不休のシステムであれば、

365日×24時間×60分＝525600分（1年）

の99.999％ですから、約525594.7分ぶんちゃんと動いていなければいけません。

言い方をかえれば、1年のうち止まっていいのは5分だけです。

簡単に5分といいますが、これはとんでもない数値です。私たちがふだん使うパソコンでは、実現は不可能でしょう。

何かの拍子に動作が固まって、アプリケーションやOSの再起動をするだけでも5分やそこらは経過しますし、Windows Updateでも始まってしまった日には何年かぶんの貯金をまとめて吐き出してしまいます。

それでも、金融や交通、医療、防犯などの分野ではこれが求められるため、金に糸目をつけずあの手この手でファイブナインを達成します。ファイブナインでその水準なのです。それが7つですから、えらいことです。

３６５日×24時間×60分×60秒＝３１５３６０００秒（１年）の99.99999％は、31535996.8464秒です。１年間に３秒しか止まれません。このシステムの管理者には絶対なりたくありません。毎食後にダース単位で胃薬を飲む羽目になってしまうでしょう。

カバレッジ拡張もなかなかです。つい、「ふーん宇宙か」と思ってしまいますが、宇宙です。山や孤島でも責任を持ってシステム構築するのは大変なのに、その比ではありません。単にエリアのことだけを考えても、目まいがするような広さがあるのに、そこに加えて電波に対する悪条件も各種取りそろえてある環境です。

一見すごさがわかりにくいところに、さらっと爆弾が放り込まれているようなコンセプトです。ある意味、どきどきします。

でも、実際に６Ｇを作っていくならば、この辺がフロンティアになるのでしょう。自動運転は５Ｇの技術でも実現できるかもしれませんが、より安全に、より精度の高いサービスを作っていくなら99.99999％もうなずけます。この水準であれば、命にかかわる手術の現場にも自信を持って持ち込めるでしょう。

また、ＩｏＴが世界を覆うならば、当然設置場所には宇宙も入ってきます。地球を１つの生命体に見立てて、そこに神経網を張り巡らせるようなシステムを構想するなら、むしろ宇宙は避けて通れないロケーションだと言えます。

明確に謳(うた)っている企業はありませんが、個人的には６Ｇの要件として無線給電が必須だろうと考えています。それこそ、宇宙に機器を設置して、それを６Ｇのネットワークで結ぶならば、気軽に電池を替えに行くわけにはいきません。

技術の進歩は、ＬＡＮケーブルやプリンタケーブル、マウスやイヤホンのケーブルまでいろいろな線を廃してきましたが、最後に残った大物が電力線です。これが無線に置き換えられるならば、電気自動車もノートパソコンも、産業用機械もＩｏＴも、もっと自由に世界を動き回るようになるでしょう。Wi-Fi以上に私たちの生活を変えるはずです。

第５章で説明したＱｉのような低出力ではなく、少なくとも６Ｇのネットワークに参加する機器にはすべて給電できるような能力が実装できたならば、それを作った企業は２０３０年代を支配することになるでしょう。

第5章のツボ

「速さ」だけじゃない

世代が変わるたびに携帯電話は鬼のように速くなった。

5Gでも相変わらずかっ飛ばしているけれど、今回の売りは低遅延と多数同時接続。ちょっとの遅れもなく意思疎通がはかれるので、自動運転や遠隔医療を普及させるキーになるかも。

1つ基地局があれば、大量のセンサーをばらまけるから、広大な農地をセンサーに任せて無人化するような使い方も考えられている。

第6章

その先にあるリスク

いたちごっこで新製品が売れた時代

第0章から第5章まで、5Gとそこに至るまでの移動通信システムの技術について説明してきました。ここでは、それをどうビジネスに使うのか、どんなリスクがあるのかについて言及していこうと思います。

どんな機器も、最初は性能を上げるだけで十分魅力的に映ります。出てきたころのパソコンもスマホもそうでした。ストレージはいつも不足していて、CPUは遅く、作業はストレスを伴いました。

メーカーはこうした要素を改善するだけで、機器をどんどん売ることができました。メーカー側も売り上げが伸びるように、この状況に積極的に介入します。マイクロソフトのWindowsは、3.1、95、98、2000、XP、Vista……と市場に投入されていきましたが、いつも「その時点でのパソコンで動かすのは、少し負担なのでは？」と思えるスペックで発売されました。

市場に出回っているパソコンで十分に動作するようなOSは革新的ではないのかもしれませんが、どちらかと言えば「新しいパソコンを買ってね」というメッセージのほうに力点があるでしょう。

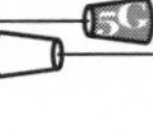

マイクロソフトが新しいWindowsを出すと、新しいIntelのチップを搭載したパソコンが売れ、それが市場に浸透するとマイクロソフトはさらに新しいWindowsを提案する。Wintelと呼ばれたこの連合は、十二分に機能しました。

夢を見せ続けるために

しかし、Wintel連合の覇権にも陰り（かげ）が見えるようになりました。

1つの理由は夢のネタ切れです。もう消費者に見せるべき夢は出尽くしてしまって、新しい未来をWindowsで演出することは難しくなりました。いま、Windowsは魔法が解けたディズニーランドのようになっています。

7、8、8.1、10と苦しいバージョンアップを続けていたWindowsはついにメジャーバージョンアップを10で打ち切り、以降はサービスとして提供することになりました。つまりWindowsは10で（しれっと、Windows 11などが出てくるかもしれませんが）打ち止めで、今後は10のままアップデートを続けていくことになりました。Windowsは夢ではなく、現実世界のインフラになったのです。

急速にパソコンをキャッチアップしていたスマートフォンも、同じステージに到達しつつある

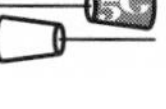

と思います。iPhone の発表会には今も大勢のファンがアクセスしますが、iPhone の登場時にあったような、あるいは Windows 95 が見せたような、これが出てきたことによって生活が根本的に変わるといった予感や熱狂はなくなりました。スマートフォンを買い換える間隔の有意な長期化は、この状態を端的に物語っています。

しかし、売る側はビジョンを語り、夢を見せねばなりません。そうでなければ、利用者はずっといま持っているスマホと４Ｇの回線を使い続けてしまいます。そういう選択肢があってもいいと思いますが、移動体通信事業者やメーカーとしては嬉しくない未来でしょう。

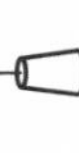

苦心の末に出てきた企業向けビジョン

そこで５Ｇのビジョンとなったのが、高速大容量、低遅延、多端末接続です。

苦しいビジョンだと思います。いや、こういう機能も方向性も重要なのですが、利用者に直接語りかけるのが苦しいのです。４Ｇですでに映画を十分に快適に観ることができますし、ふだん使いで困るほど深刻な遅延も感じていません。多端末接続に至っては、「１台しか持っていないけど」という利用者が大半でしょう。

そう、これは企業向けのビジョンです。移動体通信事業者はいままでリテールを大事にしてきました。私たち一人一人が商売相手の小売りです。でも、低遅延や多端末接続は、ホールセールの売り文句です。この商売は卸売りへ舵を切っています。

急速に言及されるようになった「B2B2X」が、この状況を表すキーワードです。IT業界特有のセンスの悪い略語ですが、Business to Business to Xのことを言っています。

いままでこの手のキーワードといえば、B2BやB2Cでした。B2BはBusiness（企業）to Business（企業）で、NTTがトヨタに何かを売るような商売のことです。B2CはBusiness（企業）to Consumer（消費者）ですから、auが個人にスマホを使ってもらうような商売を指します。

これがB2B2Xになると、ビジネス―ビジネス―X（企業でも消費者でもどっちでもいい）ですから、たとえば移動体通信事業者がテーマパークに5Gを売って、その機能を使ってさらに魅力を高めたテーマパークが、お客さんをたくさん集めるといった形になります。

各移動体通信事業者は5Gでこの売り方を大幅に伸ばそうとしています。もちろん、いままでも携帯電話やスマホの企業向けプランやサービスなどはたくさんありましたが、より強化するでしょう。

理由はいろいろです。通信技術で伸ばす余地のある技術が、どうも一般消費者には訴求しなさそうだ、企業向けに売るしかないというシーズの問題もあるでしょうし、一般消費者には普及させ尽くしてしまったけれども、企業が相手であればまだ売り伸ばせるかもしれないというニーズの問題もあるでしょう。この両者はお互いに強烈にフィードバックして共犯関係を結びますので、5Gの売り先が企業の方向を向くのは自然なことです。

でも、もっと大きな理由だと思えるのが、「このモデルだともう通信事業者は一般消費者に対して夢を見せなくていい」という事情です。

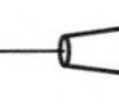

成功するからこそリスクは膨らむ

いままでは、スマホはこんなに素晴らしいんだと一般消費者に語るのは、通信事業者の仕事でした。しかし、B2B2Xで直接消費者につながっているのは、先ほどの例でいえばテーマパークで、通信事業者ではありません。夢はテーマパークが語ります。

消費者向けに語る夢の弾が尽きかけていた通信事業者にとっては、負担をテーマパークが肩代わりしてくれる福音です。もちろん、中間に位置して消費者向けのビジネスをしてくれる企業に対しては、5Gの優位性を説得しなければなりませんが、企業を説得するのは、ある意味で一般消費者を説得するよりも楽な作業です。夢ではなくて、数値を語ればいいからです。そして5Gは企業に対して語るべき数値をたくさん持っています。

写真6-1　破壊された5G施設　写真：ロイター／アフロ

だから、企業向けの5Gのビジネスはきっと成功するでしょう。そして、それがそのまま5Gのリスクになります。

先に言っておきたいのは、このリスクは5G単体のものではないことです。5Gの技術的な仕様に致命的な欠陥があるとか、5Gの使う周波数の電波が人体に悪いとか（オランダでは反対派が5Gの施設を破壊しました。写真6－1）、そういう話ではありません。使い方の問題というか、5Gが可能にする技術や社会システムがもたらすリスクです。

地球全体へ拡張される身体感覚

5G級の低遅延や多端末接続が可能になると、企業は5Gのネットワークがカバーする範

囲にくまなく高密度でセンサーを設置できるようになります。

実際に通信事業者が5Gをセールスする際にそのようなシナリオを語るのは、これまで見てきた通りです。コラム5では、6Gのカバーエリアが公海や宇宙にまで到達しそうなことにも言及しました。

センサーを設置するのは、神経を通すようなものです。ちょっとピンとこない書き方かもしれませんが、私たちは自分の体について、一応わかった気になっています。それは、人体に視覚センサー、聴覚センサー、触覚センサー、味覚センサー、嗅覚センサーが張り巡らされていて、人体に加わる刺激を感知できるからです。

IoTによって、地球全体にセンサーを張り巡らせると、私たちがいままで自分の体でしか知ることができなかった感覚が、地球全体へと拡張されることになります。

これはオカルトや絵空事ではありません。私たちはすでに自分の感覚が拡張されることには慣れています。私は眼鏡をしていますが、これは明らかに感覚の拡張です。目を悪くしてしまって、周囲を見ることに支障を感じるようになったけれども、眼鏡というデバイスによってそれを補い、健康だったころと同じ感覚を再獲得しています。耳が悪くなれば補聴器があります。

ここまでは、もともと持っていたものを失ったときの補修ですが、たとえば車のセンサーは、従来のマークワンアイボール、すなわち眼球からの情報だけでは得られなかった感覚をすでに教えてくれるようになっています。

バックミラーやドアミラーをどんなに駆使しても見えなかった死角にカメラセンサーが設置され、見やすい形でディスプレイに表示してくれます。見えているようで見えていなかった子どもの飛び出しなどは、自分で知覚するよりも先に情報システムが感知して、フロントガラスに強調表示してくれるようになります。ブレーキを踏む動作さえ、自動化されます。私たちはすでに知覚の拡張にはかなり馴染んでいます。

５Ｇの技術を使うと、いまは限定的であるこの知覚の拡張が世界に及ぶわけです。自分自身と、せいぜい車くらいだった「感覚を共有する場所」がいきなり広大な範囲になります。

ＧＡＦＡの支配は「既定の事実」へ

そして、それを自分が独占できるわけではありません。世界中にセンサーを配し、そこから吸い上げられた情報を、個人が入手して利用することも可能になるでしょうが、その前にまずなによりも設置した企業が利用し尽くすことになるでしょう。

企業を人にたとえるならば、いままで企業は自分の体のことしかわかりませんでした。企業が自社で作った製品を売りたい相手、たとえば私たち一般消費者は、企業にとっては他人で、よくわからない相手でした。よくわからないからこそ、視聴率を調べたり、アンケートをとったり、マーケティングを行ったりして、莫大な費用をかけて消費者のことを知ろうとしたのです。消費者のことをよく知れば知るほど、消費者が欲している、よく売れる商品を世に出すことができます。

世界中にセンサーを設置して、地球全体を感覚器官のようにすることは、企業という人体が世界を覆い尽くすことを意味します。いままで得体の知れない他者で、どうにかしてあの手この手で商品を売りつける相手であった消費者のことを、自分の体内と同じように知ることができます。

ぱっと見で、オカルトのように読めてしまうことは承知しているのですが、実際にそういう社会が到来することはほぼ既定の事実だと考えておいたほうが良いです。

古い話ですが、Amazonの予期的配送特許は、これを端的に示す例です。Amazonが利用者のことを徹底的に監視していることは、利用者は体感として知っていると思います。ちょっと興味があって見た商品などは、複数のアプローチで矢継ぎ早に購入を提案され、いつしか購入（ポチる）に至ることも珍しくありません。

そのAmazonが特許を取得しているのは、利用者の動向を見て「これは購入に至りそうだ」と確信したら、実際に買う前に商品の配送を始めてしまう手法です。もちろん、購入ボタンを押してもいないうちに自宅に宅配便が届いたら詐欺と変わりませんから、配送センターに留めておくわけですが、それでも最寄りの配送センターまでは来てしまうのです。

いくらAmazonでお金がうなっているといっても、買われもしない商品をいちいち物流に載せていたら大損ですから、勝算があって取得した特許です。そのくらい、Amazonは消費者のことを理解する自信があるし、何ならレコメンドを浴びせることによって積極的に消費者の行動を変容させる（購入ボタンを押させる）ことが可能だと考えています。

有名なので、ここで触れるまでもないかもしれませんが、Facebookの感情操作に関する実験を思い出す必要があるでしょう。被験者を2グループにわけて、片方のグループのタイムラインにはポジティブな投稿のみが掲載されるようにします。もう片方のグループのタイムラインにはネガティブな投稿だけを掲載します。

その後の様子を観察すると、ポジティブな情報に接しているグループは、自らの投稿もポジティブになります。反対にネガティブな投稿に接しているグループはその日1日を沈鬱に過ごし、自分の投稿内容もネガティブになります。

そんなことは経験的に知っていると思われるかもしれませんが、この実験を世界規模で行い、その後どうなったかを個々人の水準で、かつリアルタイムで把握して分析できるところがすごいのです。

この実験で操作したのは、ポジティブ、ネガティブの実に大ざっぱな感情ですが、もっと精緻化すれば特定の商品に興味を持たせたり、特定の異性を好きにさせたりすることができるようになるかもしれません。

すばらしき監視社会へ

この状況は多くの人が予想していました。だから、実際にそうした世の中になりかけてみると、「へえ、こんな手法で実現されたか」とか「自分の目の黒いうちに見ることはないと思っていたけれど、意外と早かった」といった印象で、むしろ驚きはないのかもしれません。ジョージ・オーウェルの『1984』も、リドリー・スコットの『ブレードランナー』（写真6－2）も、ジェームズ・キャメロンの『ターミネーター』も、こうした世界観を描いています。

ただ、予想と少し違ったのは、利用者の態度でした。『1984』でも、『ターミネーター』でも、人は張り巡らされた監視網を牢獄のように感じ、嫌がり、その軛（くびき）から逃れようと積極的に戦っています。でも私たちは、そんなに監視を、センサーやサービスに自分を知られることを嫌がっているでしょうか。

写真6-2 『ブレードランナー』 写真：Photofest／アフロ

個人情報が流出したら困りますか？　と問われれば、ほとんどの人が困ると答えるでしょうし、監視カメラで行動を見張られたら嫌ですか？　と問われても同じでしょう。

でも、無料で高品質なサービスを受けるために、私たちは自ら競って情報を差しだし、心情を投稿し、写真を掲載し、位置情報を伝えます。そうでないと、みんなが使っている便利なサービスを自分だけ使えなくなってしまいますし、得もできないかもしれません。みんなが得をしているのに、自分だけそうしないのは、結局損をしていることになります。

Wi-FiもBluetoothもGPSもオンにして、（自分の目には見えないけれど）情報通信システムの目には大写しになるように、「自分はここにいるよ！」と、スマホの貴重なバッテリーを使って高らかに宣言し続けています。企業からのプッシュ配信は、通知によって会議中でも授業中でも就寝中でもリアルタイムで知らされ、積極的に自分の行動を変えます。そこに魅力的な、得なことが書いてあるからです。

私たちは、監視というのはもう少し嫌なものだと考えていました。映画や文学がそう教えてくれていたからです。

でも、現実に展開されている監視網は、もっとずっと紳士的でした。魅力的なサービスや耳寄りでお得な情報を携え、強権的に生活に侵入してくるのではなく、私たちから手を差し出すようなしくみになっていました。実際、監視網と握手をすれば、安い価格で物が買え、自分だけに用意されたサービスに接し、友だちとつながることができます。危険な現象や人を発見して、告発したり回避したりすることも可能です。

監視は私たちの生活を快適で安全にするものだったのです。これは、『1984』や『ブレードランナー』が示していた世界観とはかなり違います。

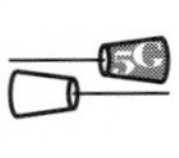

ベンサムの夢

これは、どちらかと言えば、ベンサム（写真6－3）の考え方に近いかもしれません。ベンサムと言えば「最大多数の最大幸福」ですが、これを具現化するためのしくみがパノプティコン（全展望監視システム）です。

ベンサムは、最大多数の最大幸福を実現するためには、貧困層や犯罪者を幸福にすることが重要だと考えました。すでに幸せな人をより幸せにしても、幸せの上乗せ度合いはちょびっとですが、不幸（貧困と犯罪の渦中にいる人が不幸かどうかは意見が分かれると思いますが、ベンサムはそう考えました）な人を幸せにすれば、幸せの嵩上げはすごいことになります。まっとうな思考だと思います。

写真6-3　ジェレミ・ベンサム
（1748–1832、イギリス、変わりもの）

でも、その先がちょっと変わっていました。彼は、犯罪者に労働や生産などの良い習慣をつけさせようとしました。犯罪者の扱われようにも同情していました。そこから彼がひねり出したのは、「犯罪者を徹底的かつ恒常的に監視すること」です。

今の感覚で考えると、「そちらのほうがよほど虐待的では？」とも思えますが、彼には信念がありました。そのためには、刑務所の構造と運営が重要です。そこで法哲学者だったにもかかわらず、刑務所（というか更生施設）の建設に心血を注いだのです。やっぱりちょっと変わった人です。

その刑務所では、犯罪者は四六時中監視されねばなりません。良い習慣を身につけるためには（自分を律して、誰に言われなくてもそうできる人でなければ）他人の目にさらされる必要があります。

だから独房はすかすかで、隠れる場所がありません。どこでどうやっても、内緒で悪いことはできません。

そうした刑務所を広めていくためには、運営が効率的でないといけません。余分なコストがかかると社会実装できないからです。だから、独房は円周上に配置され、中央に監視塔を建てます。最小の人数が監視塔にいれば、すべての独房を監視下に置くことができます。

本当に監視していなくてもいい「パノプティコン」

看守を24時間365日、張り付けておくことは不可能かもしれません。でも、犯罪者は監視しておかないと悪いことをしてしまい、良い習慣が崩れるかもしれません。だから、監視塔は明るく光って独房を照らします。看守からは犯罪者がよく見えます。でも、犯罪者からは光が眩(まぶ)しくて看守がよく見えません。看守は犯罪者ではないから見られる必要がありません。

そして何より、眩しくて見えないことで、犯罪者はいつ看守に見られているかがわからないのです。

監視は、実際にされているかどうかではなく、監視の可能性があることが決定的に重要です。24時間監視はコストがかかって大変ですが、24時間監視されている「可能性」があれば、被監視者は監視の気配に怯(おび)えて行動を変えるからです。いま、見られていなくても、見られている「かも」しれなければ、やはり万引きはしにくいです。

ベンサムのこの発想を、実際に形にしたのがパノプティコンです。パノプティコンは構想で、そういう名前の刑務所があるわけではありません。写真６－４は、複数あるパノプティコン型の刑務所の中でもとりわけ美しい（そう、パノプティコンは機能美に満ちています）キューバのプレシディオ・モデーロ刑務所です。

この構造は何かに似ていないでしょうか。

インターネットをはじめとする情報技術が具現化した、いまの社会です。

インターネットは社会を透明にしました。可視化は現代のとても重要なキーワードです。可視化は良いことだとされてきました。実際にそうなのでしょう。難解な数値をグラフにして可視化すれば、理解しやすくなります。密室で行われていた合議を開放して可視化すれば、もっと良いアイデアを思いつくかもしれませんし、悪いこともできなくなります。

写真6-4　プレシディオ・モデーロ刑務所
写真：Alamy／アフロ

私たちの生活もＳＮＳによって可視化されています。自分の投稿は誰も見ていないかもしれませんが、見られているかもしれません。ちょっと羽目を外して良くない行いをすれば、正義ポリスが現れて親切に通報してくれるかもしれません。

その結果、私たちは炎上の危険を意識して行動を変容させています。これはベンサムの描いた理想に近い社会ではないでしょうか。四六時中監視されていることは間違いありません。最大多数の最大幸福が得られているかどうかはわかりませんが、この監視にはたしかにおまけがあって、良い行いが続いている人は保険料が安くなったり、みんなに「いいね！」を押してもらえたりします。野放図な不倫なども減ることでしょう。

ベンサムの思いは実装されました。

透明化され、外部化される「意思」

これが人にとって良いことなのかどうかは、よくわかりません。不正や間違いは減るかもしれません。減ると言うより、させてもらえなくなるでしょう。

私は、人は失敗する権利があるし、間違いから学ぶことがとても大事だと思っています。間違いを許容しない社会は長期的に見れば、人の可能性を削り取る社会だと考えますが、「ではお前の間違いで、たとえば運転ミスで人を殺してしまうことについてどう思うのだ」と問われれば、やはり間違いはないほうがいいでしょう。人の成長の糧（かて）になるために殺されてしまってはかないません。

ですがその結果、間違いを先回りで指摘され、回避できる社会では、自分の意思で何かを決めることが難しくなるでしょう。何を決めたにしろ、センサーがそれを察知し、他人や意思決定システムがもっといい方法を提案してくれます。結果的に、意思決定の機会は減るでしょう。実際に、どの保険に入るのか、どの学校を受けるのか、どの会社があっているか、私たちは外部に決定を求める機会が増えています。

車が人間の移動力を外部化させ、コンピュータが記憶力を外部化させたように、高度で高密度化された情報システムは人の意思決定を外部化するかもしれません。

今の段階でも徐々にそれは進行しています。5Gのネットワークで情報システムの監視の目がきめ細かくなり、世界を覆ったとき、現代のパノプティコンが完成し、私たちに隠れる場所はなくなります。私は、それが5Gのリスクだと考えます。


もちろん、この話はあえて悲観的に綴(つづ)っています。多くの移動体通信事業者が示すように、私たちの未来には薔薇色(ばらいろ)でポジティブな世界が開けているのかもしれません。

家庭からも職場からも事故がなくなり、適性のある職業に就くことができ、気の合う相手とつきあって、満足できるエンターテインメントに浸かり、良質な医療を受け、人生の価値を最大化できるかもしれません。きっと今以上に快適な社会になるでしょう。

でも、こうした快適さを得るためには、自分のことをそのサービスの提供者に（おそらくはシステムに）知ってもらわねばなりません。求めるサービスの水準が高まれば高まるほど、差し出す情報は微に入り細を穿(うが)つものになります。そのことは、よく知っておいたほうがいいと思うのです。

コラム6　「移動」が贅沢品になる世界へ

10年以上前に出版した本で、「移動は贅沢品になるかもしれない」と書いたことがありました。

そのとき念頭に置いていたのは、環境破壊です。飛行機も船も電車も車も、多かれ少なかれ環境に悪影響を及ぼします。

環境破壊が現実問題として進行し、社会を構成する人の意識が、それではまずかろうと思う方向で収束をみれば、移動に制限がかかると思ったのです。それも情報通信システムについての書籍でしたから、かなりの仕事はネットワークを通して執行できるようになり、観光すらもＶＲやＡＲで体験できるようになると予測しました。

デジタル技術はいろいろなものを、安く高精度にコピー可能にし、それでＣＤ業界や出版業界に打撃を与えました。そしてＶＲは体験をコピーする技術です。今のところＶＲでコピーされた体験はプアですが、高精度になればリアルの観光やリアルのイベントに打撃を与えるでしょう。

そうなると、生身の体が実際に動くようなクラシックな形での移動は、富裕層の嗜好品か、宅配などの専門事業者だけが行う特殊なアクティビティになるのでは——と予想したのです。

2019年にグレタ・トゥーンベリ氏が台頭し、flying shame（飛行機に乗るのは意識低くて恥）などのムーブメントも拡大したので、あながち間違ってはいなかったと思うのですが、移動が手の届かない贅沢だとまざまざと感じさせられたのはコロナウイルス禍でした。

治安や物流、交通など、どうしても実体の移動を伴わなければならない仕事を除いて、それ以外の移動は実に贅沢な行為になりました。それまでは、大して本人確認の役にも立たないのに、何となく誰かの権威を目に見える形にするための儀式のように、あるいは単なる惰性として行われていた捺印などは、あっさりとしなくていいことになりました。

紙の質感や対面の肌感覚が大事なんだよ、などと言われ、なかなかデジタル化が進まなかった教育や医療も、遠隔で実施していいことになりました。社会の規程があっさりと書き換わりました。

私は怠け者で、やらなくていいことはなるべくやりたくないですし、休日は外に出て行くよりは家でゲームをしていたほうが嬉しいので、この変化は本来歓迎すべき種類のものです。実際、せっかく整えられた遠隔授業や遠隔医療の体制が、コロナ禍終息以降も継続するといいなと思っています。

でも、自分では選ばないかもしれないけれど、移動する自由は回復できるといいと考えています。

移動は、贅沢品であり続けるかもしれません。

それは、コロナウイルスはそうそう根絶されたりしないよ、何年もいろいろ自粛するんだよという意味ではありません。多くの人が「移動なんて、あんまりしなくても社会は回るぞ」と気付いたからです。

会議も決済も授業も医療も、情報通信を使った遠隔作業で済むのであれば、そのまま移動の水準を抑制すれば環境負荷は削減できるでしょう。感染症に強い社会もたぶん作れます。なんとなく移動しにくい雰囲気が醸成されるかもしれません。

実際、5Gのような高速大容量な通信技術が世界をカバーすれば、かなりの移動は代替できてしまうと思います。それで生産性が高まるのも、環境負荷が減るのも賛成なのですが、移動が富裕層の嗜好品になってしまうのであれば、寂しい気はします。

5Gをはじめとするテクノロジーは、人の選択肢を狭めるものではなく、広げるものであってほしいからです。「移動することも」選べる社会が戻ってくるといいと思います。

第6章のツボ

猛烈な「監視」の中で生きていく

カメラやスマホ、センサーで、「あれ？　自分の行動って捕捉されてるな」と感じるシーンは、これまでにも多々あった。でも5Gが普及すると、トリリオンセンサーのような構想（とにかくセンサーをばらまくぞ）が、構想から現実になるかもしれない。

これまでとは監視網の密度と精度が桁違いだ。すごく便利になる点も、こわい点もある。いいとこ取りするためには、それを知ることだ。

あとがき

5Gの本を書く機会をいただきました。難しい情勢の中で、とても有り難く貴重な機会です。本書を手に取り、そして最後までお付き合いいただいた皆さまに、心より御礼申し上げます。

最初は「5Gはこれだけすごい」という本になるかと思いました。特定技術の提灯本のようになるのは嫌でしたが、実際5Gで使われている技術はすごいので、そういうトーンになっても仕方がないかとも感じていました。

ところが、書き進めていくと、1Gや2Gと比較しないと、なかなかすごさが伝わりにくいのでは、と考えを改めることになりました。たとえば、最初にふれる通信技術が5Gである児童に、「これ、すごいよ」といってもピンとこないのと同じです。

そこで、1G、2G……と、何が変わって、何が長じたのかを振り返ることにしました。

改めてここ40年の軌跡をなぞってみると、移動通信システムがどれだけの進歩を遂げたのかがよくわかります。

5Gは2020年に突如として現れたオーパーツではありません。1Gやそれ以前の固定電話から脈々と受け継がれ、積み重ねてきた技術の結晶です。本書では、研究者や技術者が積み上げてきた技術の粋を、ご堪能いただけるように書くことを心がけました。

かつてニュートンが引用したように、わたしたちは巨人の肩に乗っています。そうすることで、初めて見ることができる景色が５Ｇの前には開けています。

いっぽうで、移動通信システムはそろそろ頭打ちなのではないか、という声も聞かれます。技術が頭打ちなわけではないのです。通信はまだまだ速く、遠くへ、たくさんのものを運べるようになります。

しかし、本当にそれだけの性能が求められているかどうかが疑問だ、ということです。自宅で映画を観て、ＶＲの体験を楽しみ、都市のどこからでも仕事のできる環境にアクセスする、そんな技術があれば十分だ。これ以上何が必要なのか——という意見はもっともです。

でも、私はまだフロンティアはあると考えています。

人間の力のすごさは、技術単体を考えることもそうですが、その技術を思いもよらないことに使う創造性と柔軟性だと思います。

私の大好きなインターネットの技術は、単体でも美しいのですけれど、それを使ってハンバーガーを配達するしくみを作るとか、仮想空間で握手会をやってしまおうとか、そういう発想が出てくることが、このシステムに無限の価値を与えています。

5Gは、どんなことに使われるかわからない、どんなことにも使えそうだ、という意味でまだ無限の可能性を秘めています。西部開拓の歴史は終わってしまっても、こうしたフロンティアがある限り、人類には楽しい未来が待っているのだと思います。

拙い原稿を書籍の形にまとめていただいた講談社の井上威朗さん、ありがとうございました。井上さんのご協力なしに、この本が完成することはありませんでした。読者の皆さまに改めて御礼申し上げ、結びとさせていただきます。

2020年5月　岡嶋裕史

〈もっと学びたい人へのブックガイド〉

亀井卓也『5Gビジネス』日経文庫、2019年（5Gが実ビジネスでどう使われているかを知るのに。入手しやすいです）

服部武、藤岡雅宣編著『5G教科書』インプレス、2018年（高額ですが、さらに技術を深掘りして学びたい方に）

〈参考文献〉

株式会社ＮＴＴドコモ『NTT DOCOMO テクニカル・ジャーナル 25周年記念号』一般社団法人電気通信協会、２０１８年
株式会社ＮＴＴドコモ『ＮＴＴドコモのＲ＆Ｄ戦略』株式会社ビジネスコミュニケーション社、２０１９年

接頭辞	記号	10^n	10進数での表記
ペタ (peta)	P	10^{15}	1 000 000 000 000 000
テラ (tera)	T	10^{12}	1 000 000 000 000
ギガ (giga)	G	10^{9}	1 000 000 000
メガ (mega)	M	10^{6}	1 000 000
キロ (kilo)	k	10^{3}	1 000
ヘクト (hecto)	h	10^{2}	100
デカ (deca)	da	10^{1}	10
		10^{0}	1
デシ (deci)	d	10^{-1}	0.1
センチ (centi)	c	10^{-2}	0.01
ミリ (milli)	m	10^{-3}	0.001
マイクロ (micro)	μ	10^{-6}	0.000 001
ナノ (nano)	n	10^{-9}	0.000 000 001
ピコ (pico)	p	10^{-12}	0.000 000 000 001
フェムト (femto)	f	10^{-15}	0.000 000 000 000 001

SI接頭辞（国際単位系〈SI〉において単位の前につけられる接頭辞）の一覧

〈ま行〉

〈や・ら・わ行〉

〈た行〉

〈な行〉

〈は行〉

〈あ行〉

〈か行〉

〈さ行〉

さくいん

〈数字〉

〈アルファベット〉

N.D.C.547.52　234p　18cm

ブルーバックス　B-2144

5G
大容量・低遅延・多接続のしくみ

2020年 7 月20日　第 1 刷発行
2020年 8 月25日　第 2 刷発行

著者　岡嶋裕史（おかじまゆうし）
発行者　渡瀬昌彦
発行所　株式会社講談社
〒112-8001 東京都文京区音羽2-12-21
電話　出版　03-5395-3524
販売　03-5395-4415
業務　03-5395-3615
印刷所　（本文印刷）豊国印刷株式会社
（カバー表紙印刷）信毎書籍印刷株式会社
製本所　株式会社国宝社

定価はカバーに表示してあります。

ISBN978-4-06-520495-5

発刊のことば

科学をあなたのポケットに

二十世紀最大の特色は、それが科学時代であるということです。科学は日に日に進歩を続け、止まるところを知りません。ひと昔前の夢物語もどんどん現実化しており、今やわれわれの生活のすべてが、科学によってゆり動かされているといっても過言ではないでしょう。

そのような背景を考えれば、学者や学生はもちろん、産業人も、セールスマンも、ジャーナリストも、家庭の主婦も、みんなが科学を知らなければ、時代の流れに逆らうことになるでしょう。

ブルーバックス発刊の意義と必然性はそこにあります。このシリーズは、読む人に科学的に物を考える習慣と、科学的に物を見る目を養っていただくことを最大の目標にしています。そのためには、単に原理や法則の解説に終始するのではなくて、政治や経済など、社会科学や人文科学にも関連させて、広い視野から問題を追究していきます。科学はむずかしいという先入観を改める表現と構成、それも類書にないブルーバックスの特色であると信じます。

一九六三年九月　　野間省一

ブルーバックス　技術・工学関係書(I)

495 人間工学からの発想　小原二郎
911 電気とはなにか　室岡義広
1084 図解　わかる電子回路　加藤 肇／見城尚志／高橋 久
1128 原子爆弾　山田克哉
1236 図解　飛行機のメカニズム　柳生 一
1346 図解　ヘリコプター　鈴木英夫
1396 制御工学の考え方　木村英紀
1452 流れのふしぎ　石綿良三／根本光正＝著　日本機械学会＝編
1469 量子コンピュータ　竹内繁樹
1483 新しい物性物理　伊達宗行
1520 図解　鉄道の科学　宮本昌幸
1545 高校数学でわかる半導体の原理　竹内 淳
1553 図解　つくる電子回路　加藤ただし
1573 手作りラジオ工作入門　西田和明
1643 金属材料の最前線　東北大学金属材料研究所＝編著
1656 今さら聞けない科学の常識2　朝日新聞科学グループ＝編
1660 図解　電車のメカニズム　宮本昌幸＝編著
1676 図解　橋の科学　土木学会関西支部＝編　田中輝彦／渡邊英一他
1696 ジェット・エンジンの仕組み　吉中 司
1717 図解　地下鉄の科学　川辺謙一
1768 ロボットはなぜ生き物に似てしまうのか　鈴森康一

1797 古代日本の超技術　改訂新版　志村史夫
1817 東京鉄道遺産　小野田 滋
1840 図解　首都高速の科学　川辺謙一
1845 古代世界の超技術　志村史夫
1854 カラー図解　EURO版　バイオテクノロジーの教科書（上）　ラインハート・レンネバーグ　小林達彦＝監修　田中暉夫／奥原正國＝訳
1855 カラー図解　EURO版　バイオテクノロジーの教科書（下）　ラインハート・レンネバーグ　小林達彦＝監修　田中暉夫／奥原正國＝訳
1863 新幹線50年の技術史　曽根 悟
1866 暗号が通貨（カネ）になる「ビットコイン」のからくり　吉本佳生　西田宗千佳
1871 アンテナの仕組み　小暮裕明　小暮芳江
1873 アクチュエータ工学入門　鈴森康一
1879 火薬のはなし　松永猛裕
1886 関西鉄道遺産　小野田 滋
1887 小惑星探査機「はやぶさ2」の大挑戦　山根一眞
1909 飛行機事故はなぜなくならないのか　青木謙知
1916 新しい航空管制の科学　園山耕司
1918 世界を動かす技術思考　木村英紀＝編著
1938 門田先生の3Dプリンタ入門　門田和雄
1940 すごいぞ！　身のまわりの表面科学　日本表面科学会
1948 すごい家電　西田宗千佳

ブルーバックス　技術・工学関係書（Ⅱ）

1959 図解　燃料電池自動車のメカニズム　川辺謙一
1963 交流のしくみ　森本雅之
1968 脳・心・人工知能　甘利俊一
1970 高校数学でわかる光とレンズ　竹内　淳
1977 カラー図解　最新Raspberry Piで学ぶ電子工作　金丸隆志
2001 人工知能はいかにして強くなるのか？　小野田博一
2017 人はどのように鉄を作ってきたか　永田和宏
2035 現代暗号入門　神永正博
2038 城の科学　萩原さちこ
2041 時計の科学　織田一朗
2052 カラー図解　Raspberry Piではじめる機械学習　金丸隆志
2056 新しい1キログラムの測り方　臼田　孝
2093 今日から使えるフーリエ変換　普及版　三谷政昭

ブルーバックス　事典・辞典・図鑑関係書

569 毒物雑学事典 大木幸介
1084 図解 わかる電子回路 加藤 肇／見城尚志／高橋 久
1150 音のなんでも小事典 日本音響学会＝編
1188 金属なんでも小事典 増本 健＝監修 ウォーク＝編著
1484 単位171の新知識 星田直彦
1614 料理のなんでも小事典 日本調理科学会＝編
1624 コンクリートなんでも小事典 土木学会関西支部＝編 井上 晋 他
1642 新・物理学事典 大槻義彦／大場一郎＝編
1653 理系のための英語「キー構文」46 原田豊太郎
1660 図解 電車のメカニズム 宮本昌幸＝編著
1676 図解 橋の科学 土木学会関西支部＝編 田中輝彦／渡邊英一 他
1761 声のなんでも小事典 和田美代子 米山文明＝監修
1762 完全図解 宇宙手帳 渡辺勝巳／JAXA（宇宙航空研究開発機構）＝協力
2028 元素118の新知識 桜井 弘＝編

ブルーバックス　コンピュータ関係書

1084 図解　わかる電子回路　加藤 肇／見城尚志／高橋 久
1430 Excelで遊ぶ手作り数学シミュレーション　田沼晴彦
1656 今さら聞けない科学の常識2　朝日新聞科学グループ＝編
1753 理系のためのクラウド知的生産術　堀 正岳
1769 入門者のExcel VBA　立山秀利
1783 知識ゼロからのExcelビジネスデータ分析入門　住中光夫
1791 卒論執筆のためのWord活用術　田中幸夫
1802 実例で学ぶExcel VBA　立山秀利
1825 メールはなぜ届くのか　草野真一
1837 理系のためのExcelグラフ入門　金丸隆志
1850 入門者のJavaScript　立山秀利
1881 プログラミング20言語習得法　小林健一郎
1926 SNSって面白いの?　草野真一
1950 実例で学ぶRaspberry Pi電子工作　金丸隆志
1962 脱入門者のExcel VBA　立山秀利
1977 カラー図解　最新Raspberry Piで学ぶ電子工作　金丸隆志
1989 入門者のLinux　奈佐原顕郎
1999 カラー図解　Excel「超」効率化マニュアル　立山秀利
2001 人工知能はいかにして強くなるのか?　小野田博一
2012 カラー図解　Javaで始めるプログラミング　高橋麻奈
2045 サイバー攻撃　中島明日香
2049 統計ソフト「R」超入門　逸見 功
2052 カラー図解　Raspberry Piではじめる機械学習　金丸隆志
2072 入門者のPython　立山秀利
2083 ブロックチェーン　岡嶋裕史
2086 Web学習アプリ対応　C語入門　板谷雄二